Aviation Bookstore
aviation step by step

Motores Aeronáuticos

Aviation Bookstore
aviation step by step

Edición 2

Editado y publicado por Nuria Rocio Balduzzi Raimondi
Aviation Bookstore ®

Prólogo

La historia universal nos viene transmitiendo generación tras generación el legado de Sir Francis Bacon con respecto al conocimiento... "*knowledge is power*" reza la famosa frase. En la aviación la adaptamos y podemos aseverar que el conocimiento es seguridad. Cuanto más sepa el piloto, más preparado estará para ejercer las acciones adecuadas, de estar informado para una asertiva toma de decisiones, etc. Es decir: aprender es fortalecer la seguridad operacional.

Con esa premisa se forjaron cada uno de los textos de esta colección. En este caso, dedicado íntegramente los fundamentos del motor en la aviación general; como instancia y lugar donde se genera la formación de todo. Nadie comanda un Airbus A350 de la nada, para llegar, seguramente el piloto habrá volado una gran cantidad de horas en aeronaves livianas donde pudo forjar todos sus conocimientos de base. Ahí es donde está centrado el foco de la colección... a fortalecer la impronta del instructor y a formar parte del conjunto de conocimientos esenciales.

Los conocimientos brindados en este libro no solo son de interés para el piloto en formación, sino para todo aquel interesado en el vuelo, la industria aeronáutica y por sobre todo el conocimiento como fuente de seguridad. Todos los temas fueron desarrollados y ejemplificados, con el objetivo de no quedar en un mero plano teórico, sino contrastar el deber ser de la teoría con la realidad de las operaciones.

Capt Facundo Conforti

Aviation Bookstore
aviation step by step

Aviation Bookstore
aviation step by step

Índice

Propulsión

Sistema de Encendido

Electricidad del Motor

Alimentación y Lubricación

Hélices e instrumentos del motor

Propulsión

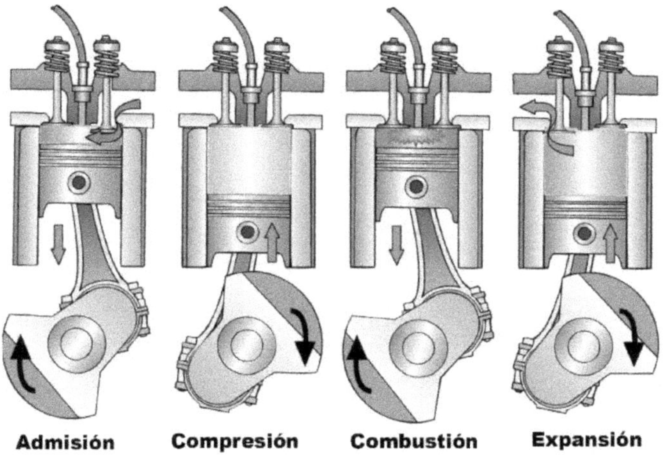

Aviation Bookstore
aviation step by step

Introducción

La física define a la propulsión cómo la acción o movimiento generado a partir de una fuerza determinada que empuja o da impulso a algo. Más precisamente, en la aviación, es la fuerza que empuja al avión para que este tenga velocidad y de ese modo consiga generar sustentación.

Las aeronaves se encuentran propulsadas por dos tipos distintos de motores, que responden a su vez, a dos principios de la termodinámica. Por más que encontremos variantes, como las que se muestra en el gráfico a continuación. Los principios de funcionamiento son dos.

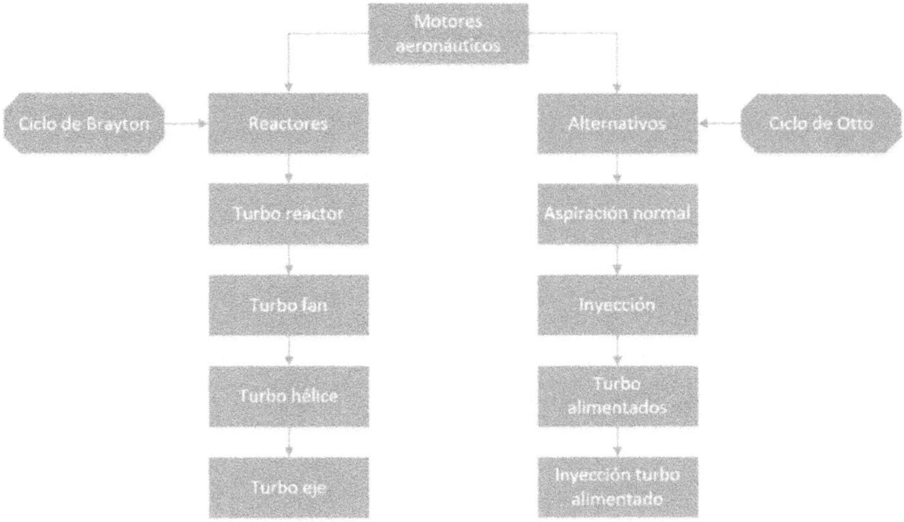

Figura 1. Tipos de motores utilizados en la industria aeronáutica

Los motores alternativos utilizados en la aviación ya tienen más de un siglo de desarrollo. Desde el primer vuelo de los hermanos Wright hasta la actualidad evolucionaron y fueron avanzando en la confiabilidad en paralelo al desarrollo. Los motores a reacción utilizan los principios de las leyes físicas de Newton y el ciclo termodinámico de Brayton para generar empuje. Entre los motores a reacción más utilizados en la aviación, podemos encontrar los siguientes:

• Turbo reactor (turbojet): fue el primero en desarrollarse y equipar a distintos tipos de aeronaves (civiles y militares). Su origen data de 1930 en Alemania. El motor consiste en un sistema de entrada de aire, una etapa de compresor, una de combustión y otra de turbina impulsada por los gases de escape; ese funcionamiento es el que generaba el empuje que propulsaba a las aeronaves. Un ejemplo típico de este tipo de motor es el Pratt Whitney JT3D que propulsaba a los Boeing 707, Douglas DC-8, Boeing B52, entre otras aeronaves de gran porte.

• Turbo fan: es la evolución del turbo reactor. Si bien posee el mismo principio de funcionamiento, estos motores poseen doble etapa de compresión y expansión de los gases. También cabe remarcar que la combustión en las cámaras se produce solo con un porcentaje del aire que ingresa al motor, el restante pasa por un ducto libre y se une junto con los gases de escape, para conformar el empuje total. Este tipo de motor es el más utilizado en la actualidad en las aeronaves de gran porte. Un ejemplo típico es la serie de motores Rolls Royce Trent, que en sus distintas versiones, propulsan desde los Boeing 757, MD-11, hasta el moderno Boeing 787 Dreamliner (versión Trent 1000).

- Turbo hélice: es un tipo de motor que revolucionó la aviación. Se trata de un reactor que, en vez de producir gases de escape que, a su vez, generan empuje; produce trabajo mecánico que impulsa un eje. Ese eje mueve una caja reductora que impulsa a la hélice. Es el tipo de propulsión más utilizada en aeronaves de medio porte para transporte y entrenamiento. El ejemplo más saliente de este motor es el Pratt Whitney PT6, un turbohélice que equipa desde aeronaves de fumigación aérea como el Air Tractor AT-600 hasta un avión multipropósito de transporte como el Cessna 208 Gran Caravan.

• Turbo eje: no es ni más ni menos que el motor turbohélice adaptado para impulsar las cajas de transmisión de los helicópteros. El motor Turbomeca Arriel es un claro ejemplo, este motor en sus distintas variantes, impulsa a los helicópteros Eurocopter AS 350 B2, AS 350B3, entre otros.

En este libro nos centraremos en los principios de funcionamiento, componentes, particularidades y protección de los motores alternativos (o recíprocos); propulsión utilizada en la gran mayoría de las aeronaves livianas de aviación general. Por lo tanto, empezaremos explicando cual es el principio fundamental del motor alternativo... el Ciclo de Otto.

El ciclo Otto vs el Ciclo Brayton

Antes de responder la pregunta, debemos entender un concepto clave: termodinámica. Es la rama de la física que estudia la interacción entre la temperatura y las distintas manifestaciones de la energía; y desde allí todos los procesos de interacción de estas dos variables. Dicho esto, pasemos al Ciclo de Otto.

El Ciclo de Otto es un ciclo termodinámico que describe el principio físico de funcionamiento de los motores de combustión interna (alternativos o recíprocos en la aviación). Este ciclo fue descubierto en 1876 por el ingeniero alemán Nicolaus Otto (1832-1891) que luego lo aplicó en la invención del primer motor de combustión interna.

Este principio termodinámico rige los motores de combustión interna de dos tiempos y los de cuarto tiempos; en los de cuatro están incluidos los motores diésel. A los efectos del presente libro, nos centraremos en el ciclo de cuatro tiempos, que es el que utilizan los motores alternativos de aviación.

El Ciclo de Otto para motores de cuatro tiempos consta de cuatro instancias o tiempos. Ellos están divididos en: admisión, compresión, combustión y expansión (o escape). En el siguiente gráfico se puede ver cómo se presentan los cuatro tiempos dentro del conjunto cilindro, pistón, cigüeñal.

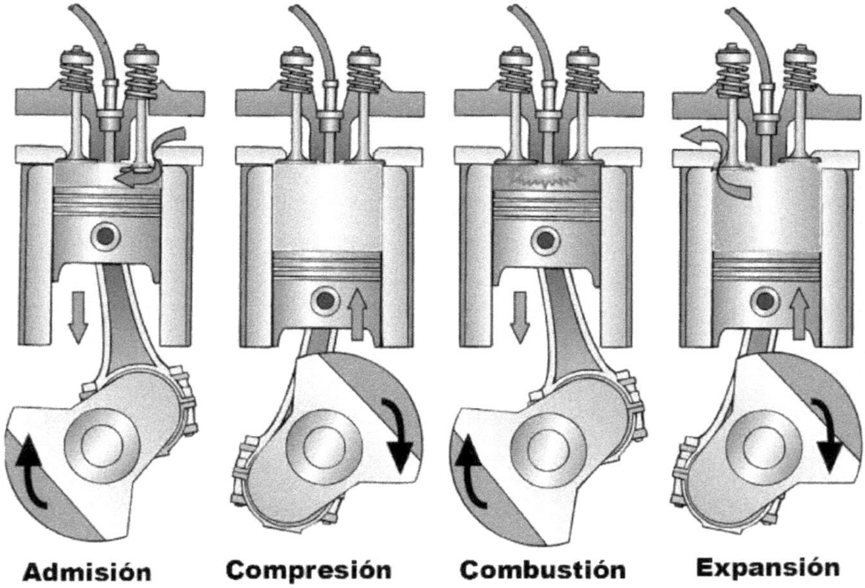

Figura 2. Los cuatro tiempos del motor de combustión interna

Los cuatro tiempos que se observan en la figura anterior comprenden el proceso de secuencia que se da en cada uno de los cilindros del motor. El trabajo generado por cada uno de los pistones, es el que impulsa al cigüeñal para producir el posterior giro de la hélice, y consecuentemente, el efecto aerodinámico que propiciará la propulsión final del avión. Vamos en detalle cómo se produce este fenómeno.

El principio de los cuatro tiempos del motor se produce en una sola vuelta o rpm. Es decir, en una giro completo del cigüeñal se dan los cuatro pasos que a continuación se detallan:

Admisión

Al abrirse la válvula de admisión del cilindro, mientras que la de escape permanece cerrada, ingresa la masa de aire a la cámara del cilindro. Este fenómeno se produce por el efecto de aspiración que realiza el pistón durante la carrera de retroceso, hacia el punto muerto inferior.

El pistón actúa como un émbolo que succiona el aire durante ese recorrido. Cuando el conjunto biela y pistón alcanzan al punto muerto inferior, habrá ingresado la cantidad de aire necesaria para la combustión.

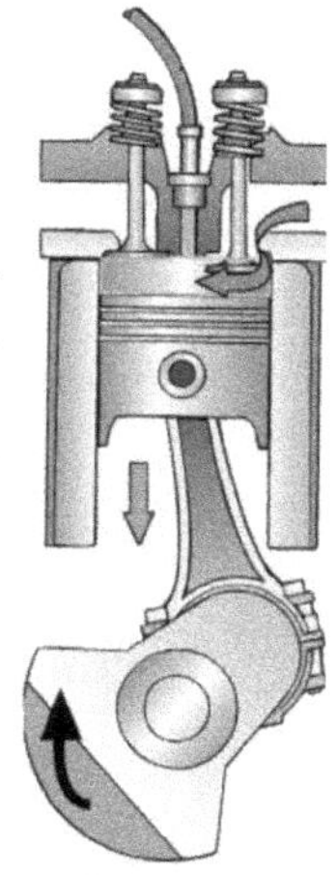

Admisión

El movimiento descendente del pistón se produce por la acción de la biela, que se encuentra solidaria con el cigüeñal. El cigüeñal, es justamente, el encargado de producir el movimiento de todas las bielas y pistones dentro de cada uno de los cilindros, de modo secuencial y armonizado.

Compresión

Luego de haber alcanzado el punto muerto inferior, el conjunto biela pistón inician el camino inverso hacia el punto muerto superior. Cuando el pistón alcanza el punto muerto inferior, la válvula de admisión se cierra, generando una cámara sellada dentro del cilindro. A medida que avanza el recorrido del pistón sobre las paredes del cilindro, el aire contenido se comprime.

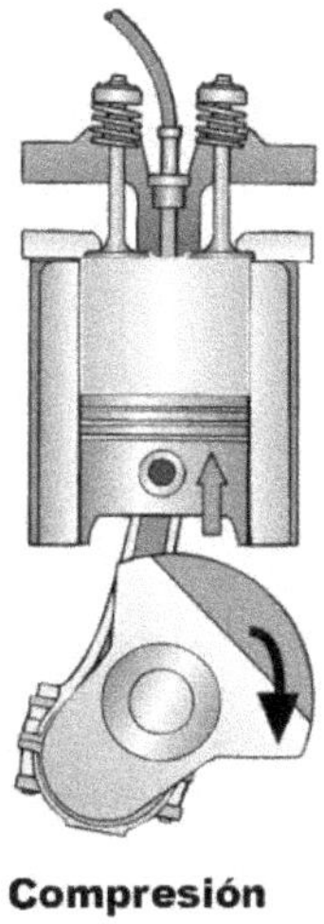

Compresión

Cuando el pistón alcanza el punto muerto superior, la masa de aire se encuentra en su máximo valor de compresión. El conjunto biela pistón mantiene la posición alcanzada por un fragmento de segundo, hasta que se inicia la fase siguiente.

Combustión

Con la cámara del cilindro completa de aire comprimido y ambas válvulas cerradas, ingresa el combustible y a continuación se genera la chispa de la bujía inserta en el cilindro. La acción del arco que genera la bujía hace que el combustible vaporizado junto con la masa de aire dentro del cilindro, entren en ignición repentinamente; y produzcan una explosión controlada.

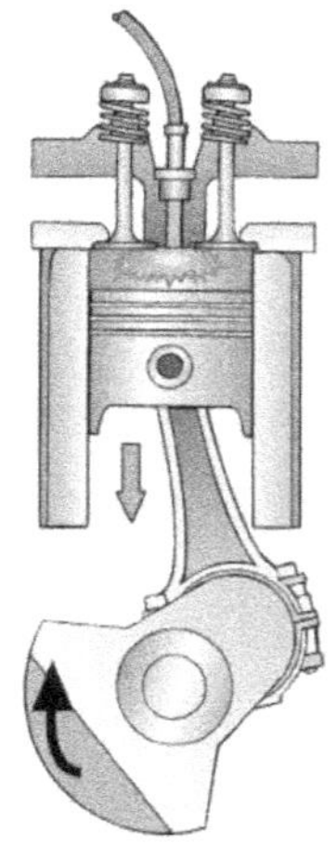

Combustión

La explosión del combustible, como cualquier otra explosión, produce una gran liberación de energía; en forma de calor y presión. El incremento repentino de la presión en la cámara impulsa al émbolo (conjunto pistón biela) hacia el punto muerto inferior. Instante donde comienza la cuarta instancia del ciclo. Una vez que se produjo la combustión, se genera la apertura de la válvula de escapa, para permitir la salida de subproductos de la combustión hacia el escape.

Expansión

La presión contenida en la cámara luego de la combustión, produce un efecto de expansión que, literalmente, empuja al émbolo (conjunto pistón biela) hacia el punto muerto interior. La acción que produce la energía de expansión de la combustión, se transforma en trabajo mecánico que transmite la biela hacia el cigüeñal.

Ya con la válvula de escape cerrada, durante la última fase de la expansión, se produce la apertura de la válvula de admisión, para dar lugar nuevamente al inicio del primer ciclo de admisión.

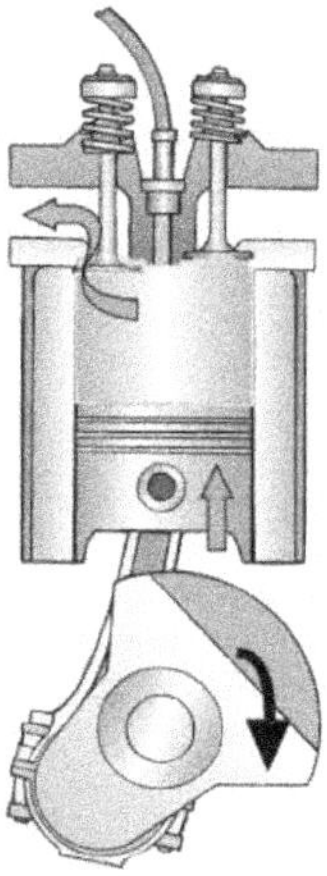
Expansión

Los cuatro tiempos descriptos en los párrafos anteriores se dan de modo secuencial en cada uno de los cilindros del motor. El trabajo mecánico que cada uno de ellos transmite hacia el cigüeñal es el que luego se convertirá en la fuerza y velocidad con que ese componente gire. Es decir, la energía que producen cada uno de los conjuntos de cilindro y la velocidad en la secuencia en que se da el proceso, son las variables que se traducen en revoluciones por minuto (rpm) y caballos de fuerza (hp) o caballos de vapor (CV).

El ciclo de Otto, en teoría, es un ciclo termodinámico adiabático ideal. Sin embargo, en la práctica, las transformaciones que se presentan en la cámara del cilindro no se desarrollan en un volumen constante. Por lo tanto, el Ciclo de Otto, queda limitado a una expresión teórica de base y fundamento para el principio físico que se genera en el motor de combustión interna.

El rendimiento o eficiencia del motor depende de la relación de compresión. Esa relación es la expresión del volumen máximo disponible en la cámara sellada del cilindro, delimitada entre el punto muerto máximo superior y el punto muerto máximo inferior. La relación de compresión del motor es la que genera el requerimiento del tipo de nafta (octanaje) necesario para la optimización de la energía de expansión de combustión. En los motores de uso aeronáutico, el uso de combustible está limitado al AVGAS 100 LL; más adelante se desarrollarán las particularidades de esta nafta de bajo contenido en plomo usada en la aviación.

Por otro lado debe considerarse la relación entre la masa de aire y el combustible que generan la explosión. Esta relación se la conoce como “mezcla”, más adelante nos referiremos específicamente a este concepto. De momento, lo que es importante señalar es que la mezcla es una relación específica de cantidades de aire y combustible que dan como resultado una explosión con una liberación controlada de energía. La proporción de combustible y aire de la mezcla se la denomina en química como proporción o relación estequeométrica; este término define a las soluciones donde cada uno de los elementos constitutivos se encuentran presentes en una cantidad determinada, con el objetivo de dar como resultado la reacción deseada... en este caso una reacción exotérmica controlada de temperatura y presión.

El Ciclo de Brayton

A contraposición de lo que se desarrolló en los párrafos anteriores, mencionaremos las generalidades del principio termodinámico que utilizan los motores a reacción mencionados al inicio de la obra.

El Ciclo de Brayton o Ciclo de Juole o Ciclo de Froude es el principio termodinámico de un fluido compresible (aire) que, consiste en una etapa de compresión, una de calentamiento y una expansión adiabática. Este principio simple, es la base de funcionamiento de una infinidad de procesos en la industria, y por sobre todo, es la base teórica fundamental del motor a reacción.

La aplicación de la turbina de gas basada en el ciclo Brayton a la propulsión aérea se debe al ingeniero inglés Frank Whittle, quien en 1927 patentó la idea y la propuso a la fuerza aérea inglesa. Una serie de expertos liderados por Alan Arnold Griffith estudiaron en los años anteriores, las posibilidades técnicas de la turbina de gas como medio de propulsión aérea, aunque su idea se basaba en emplear el trabajo mecánico obtenido para accionar una hélice. Whittle, por el contrario, proponía disponer de un ciclo Brayton tal que no se produjera ningún trabajo mecánico neto, de manera que la turbina generara tan solo la energía suficiente como para accionar el compresor. La propulsión se produciría, según él, debido a la elevada velocidad de los gases a la salida de la turbina, formándose un chorro propulsor que generaría sobre el motor una fuerza de empuje.

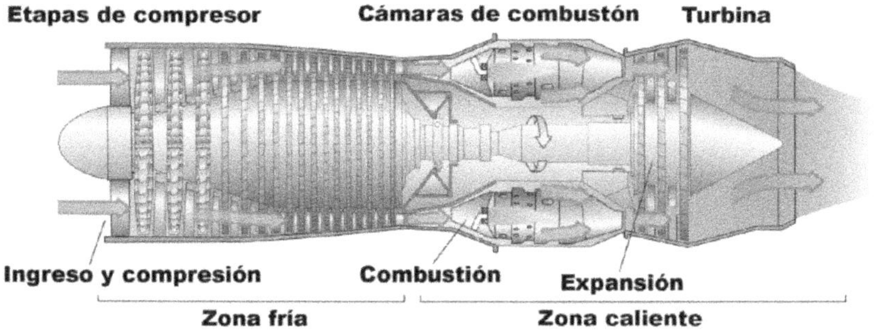

Figura 3. Proceso resumido del Ciclo de Brayton en un reactor.

En la figura 3 se puede ver el esquema de un motor turbo reactor (del tipo Pratt Whitney JT3) sin derivación de flujo. En las flechas se aprecia la masa de aire que ingresa y es sometida al proceso de compresión en las distintas etapas de compresión. Cuando la masa comprimida llega a la etapa de cámaras, se mezcla con el combustible y se produce la combustión; en esta caso no produce explosión, sino que genera una reacción de alta liberación de presión y temperatura. La energía liberada es la que impulsa las etapas de turbina y a su vez, se expande en el tubo de escape del motor, generando la fuerza de empuje. La combustión sin explosión se debe al uso de combustibles de alto rendimiento sin octanaje (o poder de detonación). En la industria aeronáutica actual se encuentra normalizado el uso del JET A-1 para este tipo de motores. El JET A-1 es un subproducto refinado de keroseno, con una muy alta capacidad de generar energía, con aditivos antidetonantes. En este tipo de motor, la capacidad de propulsar un avión se expresa en términos de kilos de empuje y no de hp de potencia.

Variables atmosféricas

Tal como hemos mencionado, una de las partes fundamentales en la generación de potencia es el aire. El aire, no es ni más ni menos, que una "porción" de toda la masa atmosférica que nos rodea. Por lo tanto, es muy importante recordar algunas particularidades que pueden modificar o alterar el funcionamiento de los motores. La atmósfera está compuesta por una combinación de gases, donde la mayor parte es nitrógeno y casi un tercio del total es oxígeno. Tengamos en cuenta que el oxígeno es la parte de la masa de aire que participa de la combustión. A continuación podemos ver, a modo de recordatorio, como está compuesta la masa atmosférica (ver Figura 4) a nivel del mar. Los valores expresados en el gráfico siguiente, son referenciales y dependen de una gran cantidad de variables. Entre los más importantes que debemos considerar es la altitud y la época del año (temporadas húmedas, frías, cálidas, etc.).

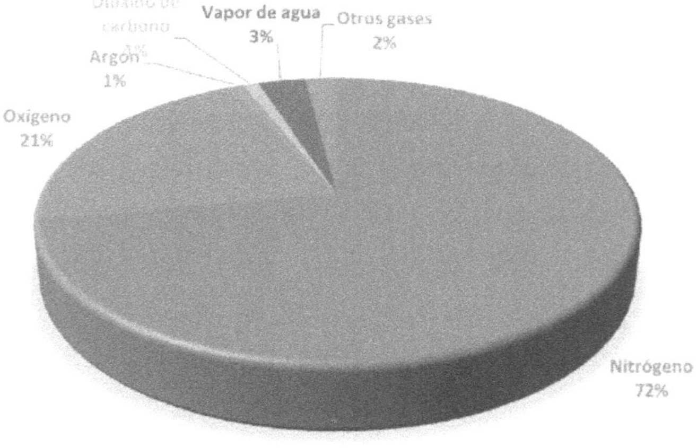

Figura 4. Gases atmosféricos presentes a nivel del mar.

Por ejemplo, la masa de aire en invierno no siempre contiene una cantidad de vapor de agua mayor que en verano, sin embargo parece mucho más húmedo, esto se debe a que ese vapor no se mantiene en estado de gas e invisible, sino en pequeñas gotas cuya existencia se advierte especialmente al notar como se moja el suelo y todos los objetos expuestos a la intemperie. Esto se debe a que el aire solo puede admitir una cantidad limitada de vapor de agua, que guarda relación con su temperatura. Cuando el aire posee todo el vapor de agua que es capaz de admitir de acuerdo con su temperatura se enuncia que el aire está saturado, o que la humedad existente es del 100%.

Cuando el contenido de vapor de agua no alcanza el máximo que puede admitir, se dice que existe una humedad relativa (menor al 100%). Esta es la relación entre el valor máximo de gramos de agua que puede admitir y el que contiene. En la siguiente tabla podemos ver una relación entre la temperatura y la cantidad de vapor de agua que puede contener. Tengamos en cuenta esto, ya que será muy importante en los siguientes contenidos del libro. Por lo tanto el roció o la escarcha no son productos del descenso de agua desde las alturas, como las lluvias o nevadas, sino por el congelamiento del agua que contiene el aire.

Temperatura C	Gramos de vapor de agua por m^3
-10	2,36
0	4,82
4	6,32
8	8,22
12	10,61
16	13,56
20	17,22
24	21,27
28	27,08
30	30,20

Cuando la atmósfera alcanza su humedad máxima, no admite más vapor de agua, cualquier cantidad adicional de vapor que se incorpore formará gotas o cristales de hielo. La saturación de una masa de aire en la atmósfera es el paso previo a la formación de nubes y puede alcanzarse por diversos mecanismos como, por ejemplo, el enfriamiento local en capas bajas o el ascenso de una masa de aire húmedo (este ascenso puede originarse como consecuencia de la actividad de frentes, por la presencia de un relieve orográfico, a causa de la convección, etc.). Por ende, volar en nubes es estar en una masa de aire saturada, proclive a que en ciertas condiciones se transforme en gotas y estas en hielo. Guardemos estos conceptos para tenerlos en cuanta y luego aplicarlos más adelante, los necesitaremos en varios temas que se desarrollan en los próximos capítulos.

Motores alternativos

El Ciclo de Otto descripto en los párrafos anteriores fue y es la base fundamental de todos los motores de combustión interna. Particularmente, en la aviación, se dio un desarrollo evolutivo que nos llevó desde un pequeño motor en línea que propulsaba al Wright Flyer I de 12 CV a 1025 rpm, hasta los motores de cilindros opuestos con turbo alimentación que se utilizan en la actualidad. En la figura 5 se diagrama esquemáticamente el camino evolutivo.

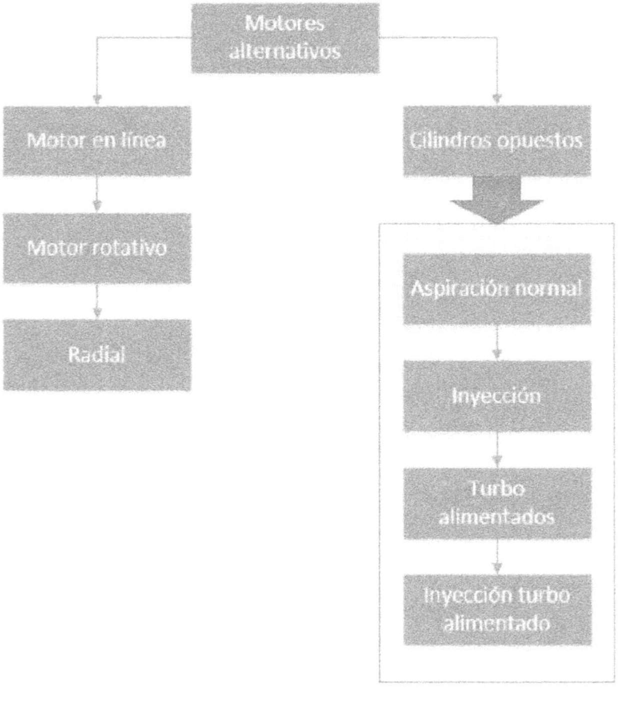

Por un lado se muestra el desarrollo de los motores en línea y radiales, casi en desuso en la actualidad y por otro, los motores de cilindros opuestos que equipan a la gran mayoría del parque de aviación general. A modo de introducción al desarrollo de la mecánica de los motores, a continuación se resumen las particularidades más salientes de cada uno de los motores que se mencionan en la figura anterior.

Motor en Línea: en estos motores los conjuntos de cilindros se ubican en una única línea, la cantidad de cilindros puede ser par e impar; sin embargo en la mayoría de los casos se utilizaron números pares (de 4 a 8 cilindros). La cantidad de cilindros y su posición permitía balancear la potencia producida y la transferencia de energía a un único cigüeñal. Si el cigüeñal del motor está ubicado encima de los cilindros se le llama un motor en línea invertido, esta configuración permite que la hélice sea montada en una posición más alta, a una mayor distancia del suelo, permitiendo un tren de aterrizaje corto. Una de las desventajas de un motor en línea es que ofrece una relación potencia - peso inferior, debido a que el cárter y el cigüeñal son largos y por tanto más pesados. Aquellos motores eran refrigerados por aire o por líquido, pero lo más común es que sean refrigerados por líquido porque resulta difícil obtener un flujo de aire suficiente para refrigerar directamente los cilindros de la parte trasera.

Un ejemplo clásico de este tipo de motor es el De Havilland Gipsy Queen de 240 hp que equipaba a los aviones monomotores de combate Fiat G64, Percivale Prentice, Percival procuro, entre otros.

Motores Rotativos o Radiales: este tipo de tecnología fue un paso superado en la aviación durante varias décadas, que aún se utiliza en alguno aviones específicos. El motor radial consiste en un conjunto de cilindros que conforman una estructura única de estrella. Comenzaron a desarrollarse a mediados de la Primera Guerra Mundial como una fuente de propulsión más eficiente (mayor potencia), económica y de fácil producción en serie. La particularidad del motor es que su estructura de componentes internos conformados por una biela maestra, un conjunto impulsor similar al cigüeñal y conjunto de hélice, literalmente giran alrededor de la estrella conformada por los cilindros. Si bien estos motores podrían generar mayor cantidad de potencia, tenían una tasa muy elevada de fallas en servicio, un alto consumo de aceite y combustible; por lo tanto requería de mantenimiento en intervalos de tiempo acotado.

Un caso para destacar de este tipo de motores es el Pratt Whitney R-2800 Double Wasp. Este motor fue de los más grandes en su tipo construidos. Estaba compuesto por una doble estrella conformada por 16 cilindros, que generaba una potencia de 2000 hp (Figura 6).

Una de las grandes particularidades de este coloso, era que tenía un sistema de refrigeración por aire de impacto, hecho que le proporcionaba un menor consumo de aceite. A pesar del tiempo, aún hoy continúan en servicio una cantidad considerable de motores R-2800 que propulsan aeronaves de colección o restauradas... no es extraño ver algunos hermosos Douglas DC-3 cruzando el cielo de exhibiciones aéreas alrededor del mundo.

Figura 5. Motor Pratt Whitney R-2800 en banco de muestra.

El motor R-2800 era la planta propulsora de los aviones de transporte Douglas DC-6, los legendarios caza de la Segunda Guerra

Mundial Vought F4 Corsair y Republic P-47 Thuntherbolt, entre otros. En la actualidad, aún existen aeronaves propulsadas por este tipo de motor; el caso más conocido quizás sea el avión aeroaplicador PZL-Mielec M-18 Dromader, equipado con un motor radial Kalisz ASZ-621.

Motores de Cilindros Opuestos: son los motores que actualmente se utilizan en la mayoría de las aeronaves de aviación general liviana. Se trata de un motor donde los cilindros se ubican sobre los laterales del cárter que se encuentra ubicado horizontalmente, en posición opuesta uno respecto al otro. Debido a la ubicación opuesta de los cilindros, las fuerzas que se producen durante la combustión tienden a equilibrarse entre sí; generando de ese modo un funcionamiento estable y seguro. A diferencia del motor radial, estos motores y su configuración reducen significativamente las posibilidades de falla por bloqueo hidrostático. Los motores de cilindros opuestos se encuentran configurados en variantes de 4 o 6 cilindros; existen algunos pocos casos de motores de 8 cilindros. Poseen la capacidad de adaptarse a sistemas de alimentación por carburador o bien por inyección; también pueden ser equipados con dispositivos turbo alimentadores que aumentan el rendimiento. Los motores de cilindros opuestos utilizados en la aeronáutica se encuentran diseñados para entregar un rango de potencia que varía de los 60 a los 400 hp según modelo y capacidades (ver Figura 6).

Figura 6. Motor Lycoming de 6 cilindros

Conceptos teóricos fundamentales

Antes de comenzar de lleno con el desarrollo del funcionamiento, mecánica y particularidades de los motores alternativos (de cilindros opuesto), es necesario hacer un repaso de algunos conceptos teóricos fundamentales para la comprensión del resto de los contenidos. A continuación, resumiremos las bases de conocimiento necesarias para un mejor aprovechamiento de cada uno de los conceptos.

¿Qué es el trabajo mecánico?

Los fundamentos de la ingeniería y la mecánica del continuo expresan que el trabajo es la fuerza que altera el estado de movimiento de un cuerpo. La definición formal expresa que: *el trabajo ejercido por la fuerza sobre el cuerpo es igual a la cantidad de energía necesaria para moverlo de modo acelerado*. El trabajo se expresa en una magnitud física escalar y su unidad de referencia es el Joule. De modo coloquial puede decirse que el trabajo es la fuerza que altera o le brinda el movimiento necesario a un conjunto o sistema mecánico.

¿Qué es la potencia?

La potencia es la cantidad de trabajo mecánico que se desarrolla por unidad de tiempo. El concepto también puede asociarse a la velocidad de un cambio de energía dentro de un mismo sistema necesaria para conseguir una determinada cantidad de trabajo mecánico. Analíticamente, puede expresarse como la energía total de un sistema dividida por el tiempo o unidad de tiempo. El concepto de potencia se aplica en distintas ramas de la ingeniería a la electricidad, a las caloría y sistemas térmicos, al sonido, entre otros. Sin embargo, en este libro nos quedaremos con el concepto vinculado al trabajo mecánico. En ese sentido, la expresión de la potencia se expresará en caballos de vapor (cv) o caballos de fuerza (hp), como unidades de conversión del vatio (w) que es la unidad fundamental de la potencia en todas sus variantes. En términos coloquiales podemos decir que la potencia es la fuerza que produce una máquina para lograr hacer funcionar otro sistema asociado.

¿Qué son los "caballos de fuerza"?

Como se explicó en la pregunta anterior, los caballos de fuerza representan la cantidad de trabajo mecánico que desarrolla el motor para poder producir potencia. Ahora bien, la definición anterior es absolutamente cierta, pero teórica. Es decir, existen factores que disminuyen la capacidad de degenerar potencia... el fenómeno más importante que se presenta para disminuir la potencia, es el de fricción. Si bien todos los componentes se encuentran lubricados y en perfecta coordinación; existe un factor de fricción entre componentes que producen una disminución en la producción final de potencia. Justamente, a la potencia real que desarrolla el motor se la suele denominar "*caballos de fuerza*".

¿Qué es la compresión en el motor?

La relación de compresión de un motor alternativo es la cuantificación del volumen donde se produce la impresión de la mezcla de aire combustible, previo a la combustión, dentro de la cámara del cilindro. Dicho en otras palabras, es el volumen máximo que puede ocupar la mezcla comprimida dentro de la cámara sellada del cilindro. La relación de compresión del motor define el rendimiento térmico del todo el conjunto. Esta variable es la expresión del nivel de aprovechamiento del poder energético del combustible, transformado en energía calórica y posteriormente en energía mecánica. La relación de compresión del motor alternativo varía en función de las rpm requeridas.

¿Qué es el octanaje del combustible?

El número de octano u octanaje es una escala adimensional que cuantifica la capacidad anti detonante de los hidrocarburos refinados en naftas, al comprimirse dentro de la cámara del cilindro. Esta cualidad es la que le permite entrar en ignición al producirse la chispa de bujía y generar la combustión. En términos generales se dice que la eficiencia del motor aumenta conforme se incrementa también, el índice o relación de compresión; esta condición es controlada fundamentalmente por la capacidad anti detonante de la nafta utilizada. En definitiva, el número de octanos nos brinda información cualitativa del combustible en cuanto a su respuesta en la combustión y el poder energético que liberará en esa instancia. Más adelante en el texto se profundizará sobre las características del combustible, octanaje y demás características importantes.

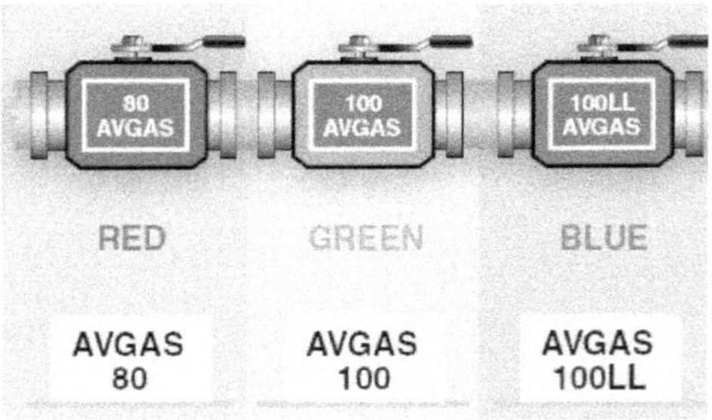

¿Qué son las RPM?

RPM es el acrónimo de "revoluciones por minuto", un poco obvia la respuesta, ¿no? Pero ¿Qué representan las rpm del motor? Las rpm son una expresión de la velocidad angular de un cuerpo, cuantifican la cantidad de rotaciones de ese cuerpo por minuto. Habitualmente ese "cuerpo" en cuestión es un eje, vinculado a algún tipo de sistema mecánico. En el caso del motor alternativo, el eje por excelencia es el cigueñal; ya que es el componente principal que vincula el movimiento de cada uno de los conjuntos biela pistón, dentro de los cilindros; y a su vez, es el encargado de transmitir el movimiento angular y fuerza a la hélice. Por lo tanto la referencia de la cuantificación de vueltas es referido al cigüeñal.

¿Qué es la cilindrada?

Es la suman del total del volumen útil de las cámaras de los cilindros. Habitualmente es una cualidad que se expresa en centímetros cúbicos (o pulgadas cúbicas), ya que representa un área destinada al trabajo que realiza el conjunto biela pistón en el Ciclo de Otto. El volumen que se suma de cada uno de los cilindros es el área definida entre el punto muerto superior y el punto muerto inferior de cada uno de los cilindros. Si bien es una expresión que se aplica mayormente a los motores alternativos de cilindros en línea, algunos motores aeronáuticos poseen esta caracterización o identificación del dato entre sus especificaciones.

¿Qué es el rendimiento del motor?

El motor alternativo de uso aeronáutico tiene tres formas de expresar su rendimiento: el mecánico, el térmico y el general del motor. El rendimiento mecánico es la expresión de la potencia real que puede generar el motor, y por lo tanto, la que puede ser aprovechada por el conjunto de hélice. En los motores aeronáutico, el rendimiento mecánico ronda en un porcentaje de entre el 85 al 90%.

El rendimiento térmico expresa la cantidad de calor transformado en trabajo mecánico en función del proceso de combustión y expansión. El rendimiento total del motor es el cociente entre la potencia real obtenida y la cantidad de energía que se produce para generar esa potencia.

¿Cómo identifico un motor de acuerdo a su modelo y nomenclatura?

Los grandes fabricantes de motores alternativos utilizados en la industria aeronáutica *(Teledyne Continental Motors, Avco Lycoming, entre otros)* poseen una nomenclatura normalizada de los modelos de motores. De este modo, a través de la lectura del código del modelo se puede identificar el tipo de motor, sus características principales, su capacidad y datos relevantes de sus performances.

El modelo del motor está compuesto por tres códigos consecutivos conformados por: prefijo, descripción de desplazamiento y sufijo. En la imagen que vemos a continuación se muestra un ejemplo de identificación de motor:

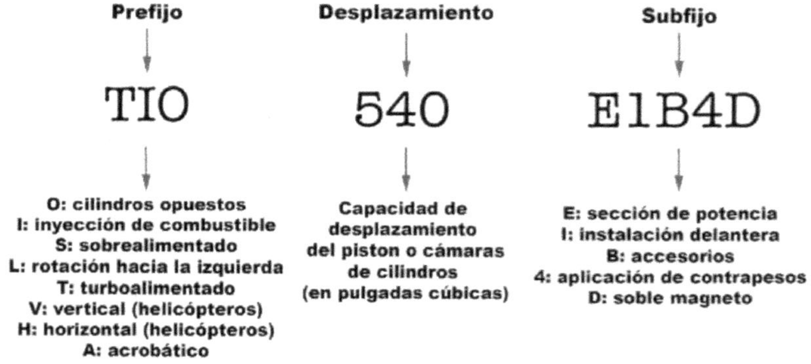

En la identificación que podemos observar en la imagen anterior se aprecia un motor de instalación delantera confirmado por cilindros opuestos equipado con sistema de turbo alimentación e inyección de combustible, con una capacidad de desplazamiento de 540 in3, sistema de doble encendido y caja de accesorios. Como vemos en el ejemplo, del código que conforma el modelo realizamos la lectura e interpretación alfanumérica y obtenemos una descripción completa de las generalidades del motor.

Por lo tanto, si consideramos el ejemplo anterior y le agregamos una "*A*" en el prefijo, se trataría de un motor especialmente preparado para aeronaves acrobáticas. Este tipo de motores posen características mejoradas del sistema de lubricación, bombas de refuerzo... es decir, están preparados para desarrollar las mismas performances en vuelo invertido, elevadas G´s tanto positivas como negativas; sin presentar ningún detrimento de sus características de funcionamiento. La información más útil para la rápida identificación es la que consigna el prefijo y el desplazamiento; el sufijo brida datos complementarios.

El resto de la información de identificación se puede hallar de modo sencillo en la placa identificadora (ver Figura 7), que se ubica instalada en el Block del motor, siempre sobre un lugar visible y de fácil acceso.

Figura 7. Ejemplo de placa clásica de identificación del fabricante Continental Motors.

En la placa que se observa en la figura anterior se puede encontrar información más completa relacionada con los valores y especificaciones de certificación. En ella, entre otros datos, se puede observar:

- *Dimensión de cilindros*
- *Potencia (hp)*
- *Especificaciones de carburación o sistema de inyección*
- *Combustible elegible*
- *Datos de puesta a punto de bobinas magnetos*
- *Número de serie del motor*

Componentes mecánicos del motor

Para una mejor comprensión del funcionamiento y los componentes principales que forman parte del motor alternativo, usaremos como base un caso real. Por lo tanto, la descripción estará referida al motor Avco Lycoming O-360, ya que es uno de los más utilizados en aeronaves livianas como los Cessna 172, Cessna 177, Piper PA-28, Piper PA-24, Mooney M-20, Aero Boero 180, entre otros.

Figura 8. Motor Lycoming O-360 (imagen comercial del fabricante).

Componentes mecánicos principales

El motor que tomamos como referencia, es un motor alternativo de cuatro cilindros opuestos, de aspiración normal, con carburador. Con la ayuda del Catálogo de Partes Ilustradas del fabricante Lycoming iremos avanzando en la descripción y el funcionamiento de cada uno de los componentes principales. Es importante considerar que, un motor es un conjunto complejo de componentes donde es necesario que todos funciones coordinadamente para lograr generar la potencia y revoluciones necesarias. Luego, nos detendremos en los conjuntos y sistemas auxiliares al funcionamiento mecánico y que hacen al global del motor. En el siguiente gráfico (ver figura 9) se puede observar la imagen cenital del motor Lycoming O-360 armado, sin accesorios. Veamos las partes principales.

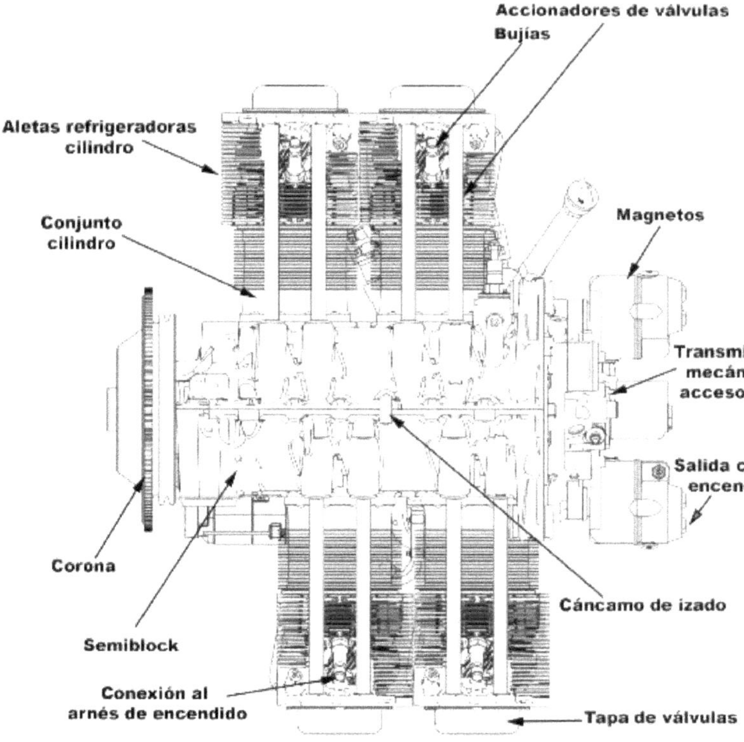

Figura 9. Vista superior del motor O-360.

En la figura anterior se observa el conjunto de block, con sus cilindros instalados, las guías exteriores de válvulas, las conexiones de bujías y arnés de encendido, las bobinas magnetos y el conjunto de transmisión mecánica.

La estructura que contiene todos los componentes y donde transcurren todos los procesos fisicoquímicos es el par de semiblocks y los cilindros, en el caso del motor que describimos son cuatro cilindros (ver Figura 10).

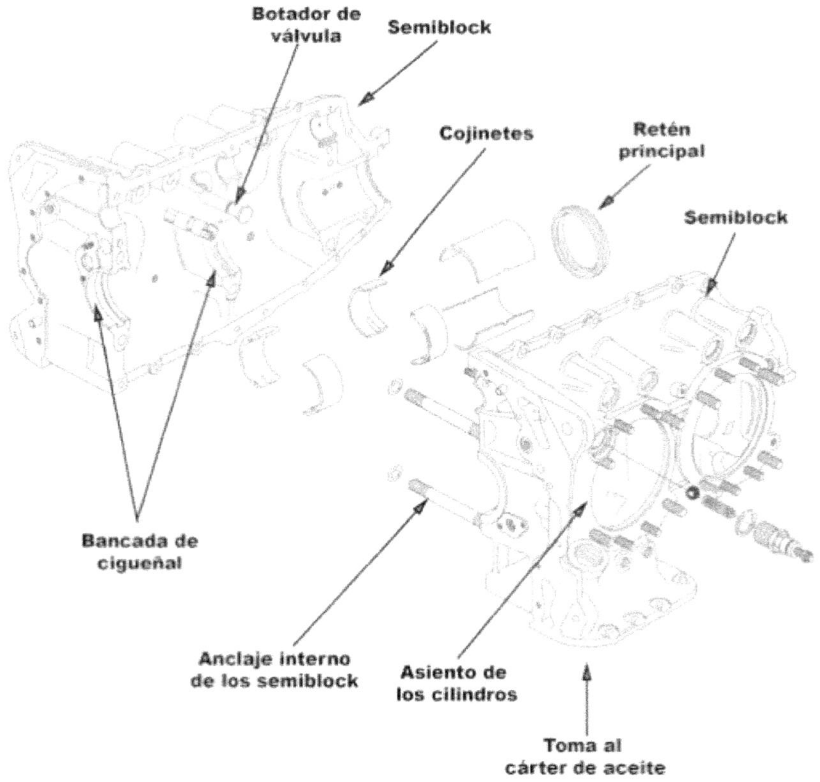

Figura 10. Conjunto de semiblock del motor.

Ambos semiblocks, al ser unidos, ajustan en su interior al cigüeñal y el árbol de levas. Esos dos ejes fundamentales del motor, se encuentran aislados mecánicamente por los cojinetes. Los cojinetes son asientos de acero endurecido que soportan los apoyos del cigüeñal y el árbol de levas; cada uno de ellos se encuentra lubricado, por lo que se evita el contacto "metal-metal". Los cojinetes se ubican en los sectores llamados bancadas de block.

Los semiblocks son de fundición (hierro alfa o acero esferoidal), por lo que se trata de componentes donde se encuentran preformados cada uno de los alojamientos, insertos y sistemas de anclaje. La unión de ambos semiblocks se realiza a través de bulones internos (los internos se los conoce vulgarmente como "*espárragos*") y externos de anclaje. Las superficies de contacto se encuentran protegidas y selladas por juntas, separadores y aislantes de siliconas. Ambos semiblocks unidos, se los llama block del motor.

El block del motor funciona como una unidad mecánica sellada y lubricada constantemente. Una falla en el sistema de lubricación puede generar una colapso abrupto de cualquiera de los componentes principales; más adelante veremos los problemas más frecuentes.

Los extremos del block se encuentran cerrados también, por detrás con la conexión hacia el tren de engranajes y accesorios y por delante con el retén principal de la platina del cigüeñal (sentido hacia la instalación de la hélice).

Al ser un motor horizontal de cilindros opuestos, esos conjuntos se instalan a los lados de cada uno de los semiblocks, y pasan a ser parte global del sistema cerrado y lubricado.

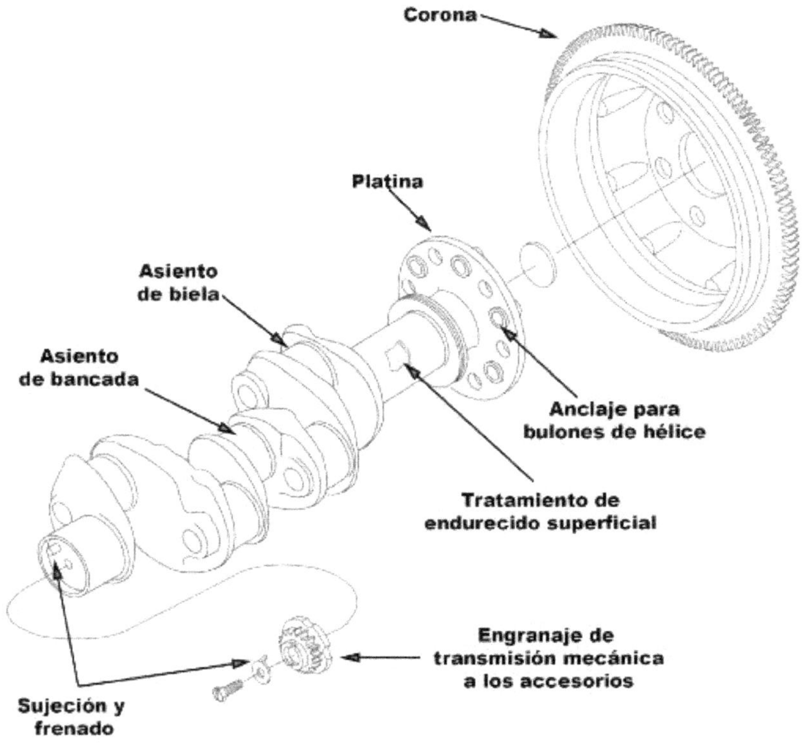

Figura 11. Esquema del cigüeñal.

En la Figura 11 se puede ver la configuración del cigüeñal. Se trata del eje principal del motor, que vincula directamente el movimiento de cada una de las bielas dentro de los cilindros y transmite velocidad angular a la hélice, que va instalada en su extremo o platina.

En el extremo opuesto se encuentra instalado un engranaje que trasmite el trabajo y la velocidad angular a los accesorios, árbol de levas y demás componentes del motor (bomba de aceite, bomba de combustible, bomba de vacío, entre otros).

Los cigüeñales se fabrican con una aleación de acero altamente resistente (solución sólida de martensita revenida de grano medio uniforme) a la que se le aplican tratamientos superficiales de endurecido que aumentan la resistencia a generar fisuras superficiales y sub-superficiales, como también procesos corrosivos. Desde hace varios años es obligatorio que todos los cigüeñales posean un tratamiento de revenido al arco vacío (VAR, por sus siglas en inglés). Existen directivas de aeronavegabilidad al respecto que tanto los propietarios como los talleristas deben verificar para mantener la condición aeronavegable del motor.

Los materiales de construcción y los tratamientos aplicados permiten que el cigüeñal posea características seguras de funcionamiento, sin perder la flexibilidad necesaria en cada ciclo de funcionamiento del motor, como así también la capacidad de trasmitir y disolver las altas cargas de trabajo que se producen.

Si bien este no es el caso, pero cabe mencionar que existen otros modelos de motores de mayor tamaño, donde los cigüeñales poseen contrapesos internos para balancear su funcionamiento.

En la Figura 12 podemos ver el árbol de levas en la parte superior del gráfico. Este componente es el segundo eje principal del motor. Al igual que el cigüeñal los apoyos al block están controlados por metales endurecidos que, junto con el lubricante, evitan el proceso de desgaste.

El árbol de levas gira por el movimiento angular que le transmiten los engranajes que lo vinculan al cigüeñal; su función es la de generar secuencialmente el impulso para la apertura y cierre de las válvulas de admisión y escape en cada uno de los cilindros.

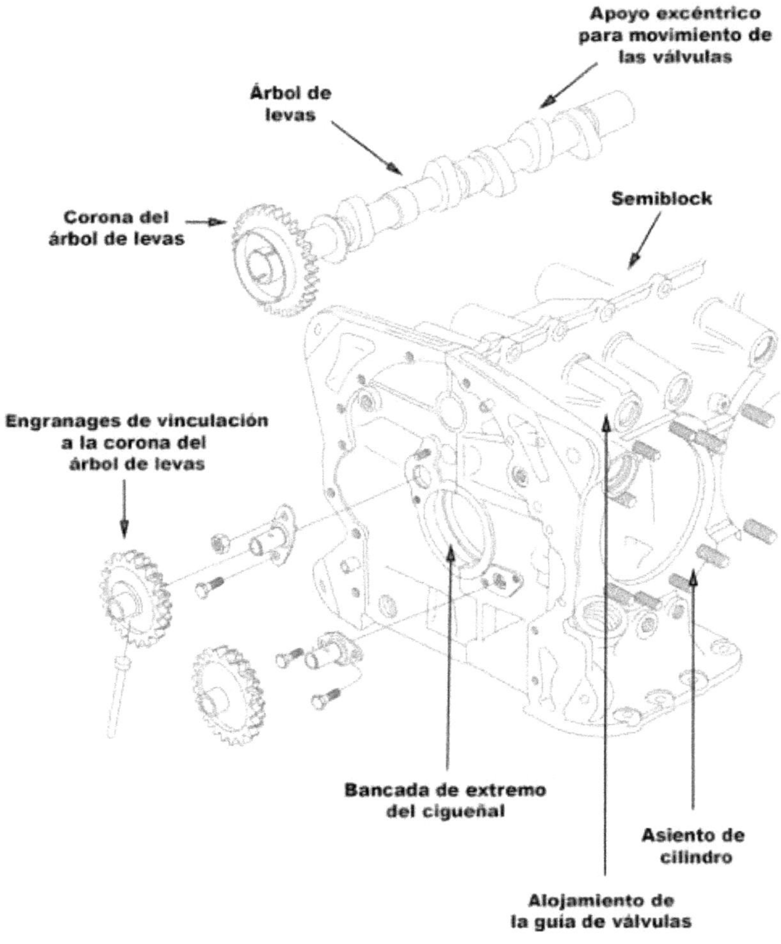

Figura 12. Árbol de Levas.

La secuencia de apertura y cierre de las válvulas de admisión y escape es clave para que puede transcurrir el Ciclo de Otto con el rendimiento esperado, y de ese modo lograr la potencia necesaria por parte del motor. Los cuatro conjuntos de cilindros se ubican a los laterales del block, tal como se explicó el los párrafos anteriores. A su vez, los conjuntos de biela pistón también se fijan y quedan ubicados hacia los laterales, dentro de cada uno de los cilindros. De ese modo queda conformada una cámara sellada, donde se desarrollan los procesos termodinámicos a los que nos hemos referido.

Una particularidad importante que debemos destacar es que, las superficies de contacto tanto, del cigüeñal como del árbol de levas, se encuentran pulidas a espejo. El objetivo de esto es propiciar la sinergia con el lubricante para que no se produzca el roce entre metales. En la siguiente imagen (ver Figura 13) podemos ver un cigüeñal durante su proceso de inspección, control dimensional y pulido de las partes de contacto.

Figura 13. Trabajos de rectificado sobre un cigüeñal.

En la imagen anterior podemos observar un cigüeñal para cuatro cilindros, durante una inspección mayor. Estos trabajos incluyen el rectificado del material, control dimensional ensayos no destructivos (verificación de daños superficiales e internos con partículas magnetizables y demás ensayos) y pulido de las superficies antes mencionadas.

En el siguiente gráfico podemos observar como se encuentra formado el conjunto émbolo del cilindro.

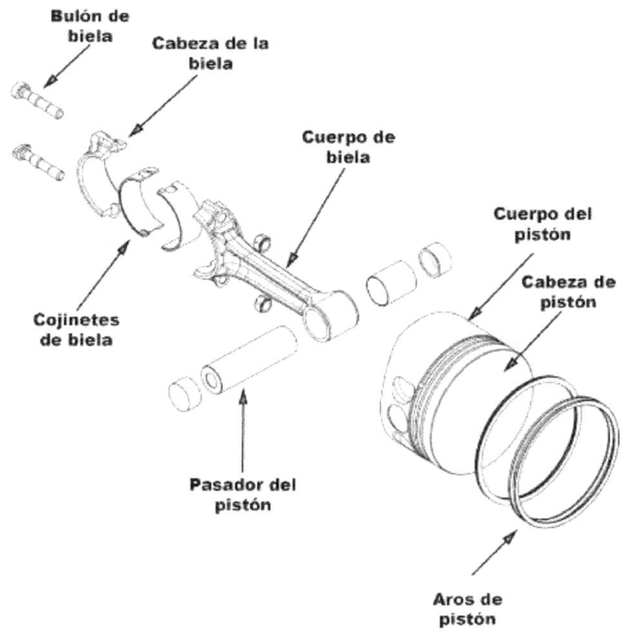

Figura 14. Conjunto Biela y Pistón.

Tal como se ve en la figura anterior, la biela es un brazo de acero reforzado, donde en uno de sus extremo posee el alojamiento y buje para el pasador que vincula al pistón; mientras que por el extremo opuesto se encuentra la cabeza de biela donde toman los cojinetes... este extremo es el punto de vinculación con el cigüeñal.

El pistón queda tomado a la biela por el pasador interno. Esto le permite tener una libertad de movimiento necesaria en el recorrido ascendente y descendente del conjunto en el cilindro. El pistón se encuentra fabricado con una aleación de aluminio extremadamente resistente y conformado por forja.

En la circunferencia del cuerpo cuenta con un conjunto de aros que cumplen una doble función: por un lado sellan el espacio que queda entre la pared interna del cilindro y el cuerpo del pistón, y por otros facilitan el movimiento del pistón haciendo las veces de guías lubricadas. Asimismo cabe señalar que, por detrás del conjunto de aros se ubica un último aro cuya única función es la de retener el lubricante.

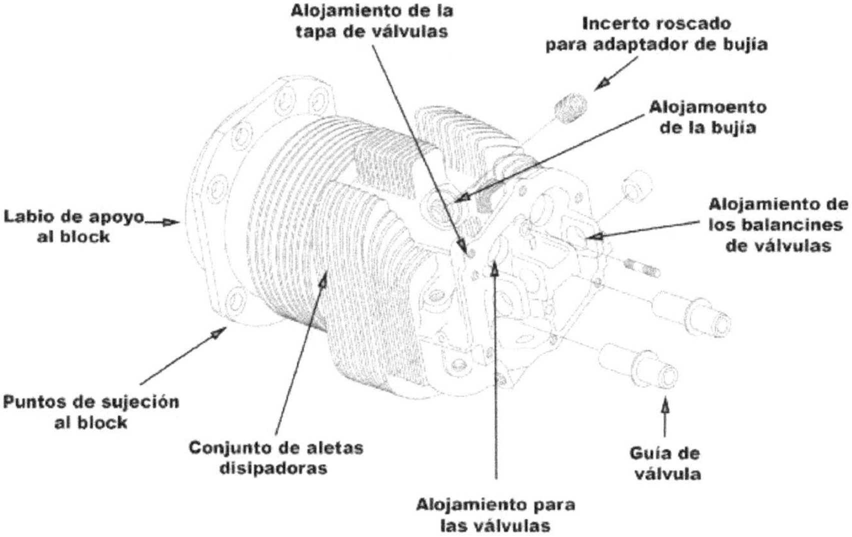

Figura 14. Componentes del Cilindro.

Los aros del pistón se encuentran fabricados con aleaciones de acero particularmente duras, que previenen los efectos del desgaste ante las altas temperaturas que se producen.

Por su parte, la cabeza del pistón posee tratamientos específicos que le brindan una mayor resistencia a la temperatura y las altas cargas que se producen durante la combustión. La cabeza de cilindro, junto con los aros y el cuerpo interior del cilindro, forman la cámara sellada donde transcurre la combustión.

En el cilindro que se ve en la figura 14 podemos observar los elementos principales que lo conforman. En la pared exterior se encuentra recubierto por aletas disipadoras que cumplen la función de difundir el calor del interior del componente hacia el exterior; la acción del aire de impacto genera el efecto de refrigeración necesaria para mantener el funcionamiento del motor dentro de rangos seguros. La base del cilindro posee un labio que ajusta en la unión al block, los bulones anclados del block se alojan en los orificios de la base.

De modo independiente a la descripción que se desarrolla sobre el motor que nos encontramos analizando, es importante considerar que el conjunto de cilindro es crítico en el funcionamiento del motor. El conjunto de block, cigüeñal y árbol de levas, por su material y funcionamiento son de altísima confiabilidad y robustez; sin embargo, con respecto a los cilindros, en todo momento debemos entender que:

1) La estructura del conjunto debe ser lo suficientemente resistente para soportar las cargas que se producen en la combustión.

2) El material de construcción debe poseer capacidad de disipar la temperatura y ser liviano.

3) Todas las partes móviles debe estar perfectamente calibradas, ajustadas, lubricadas e instaladas. Cualquier diferencia de ajuste o sujeción acarreará una falla mecánica crítica.

En la parte superior del cilindro se encuentran instaladas las válvulas sobre los orificios de admisión y escape. Por encima de ellas y sus resortes, se ubican los balancines, que cumplen la función de bascular sobre un eje tomado al cuerpo del cilindro. En la estructura superior del se encuentran orificios roscados por donde se sujeta el alimentador y ingresa el combustible a la cámara.

Figura 15. Válvulas de Admisión y escape.

En la figura 16 se observa el conjunto de válvulas de cilindro, cada una de ellas está instalada en el cilindro y comprimida a través de dos resortes (dependiendo del motor, puede ser tres). A su vez, los resortes son soportados por los platillos. La apertura y cierre forzados por el balancín y resorte permiten sellar la cámara del cilindro, que a su vez comandan alternadamente la admisión y el escape.

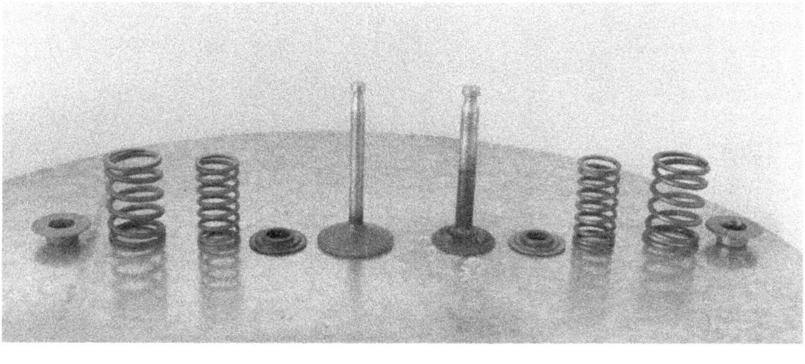

Figura 16. Válvulas, resortes y pestillos.

Los balancines transmiten la fuerza de elevación de las levas a las válvulas. Los apoyos del brazo oscilante son soportados por un cojinete liso, de rodillos o de bolas, o una combinación de estos, que sirve de pivote. En general, un extremo de la brazo lleva contra la varilla de empuje y los otros en la vástago de la válvula. Un extremo del brazo oscilante se encuentra ranurado para anclar el pasador de acero. El brazo suele tener un tornillo de ajuste, para fijar el espacio entre el balancín y la punta del vástago de la válvula.

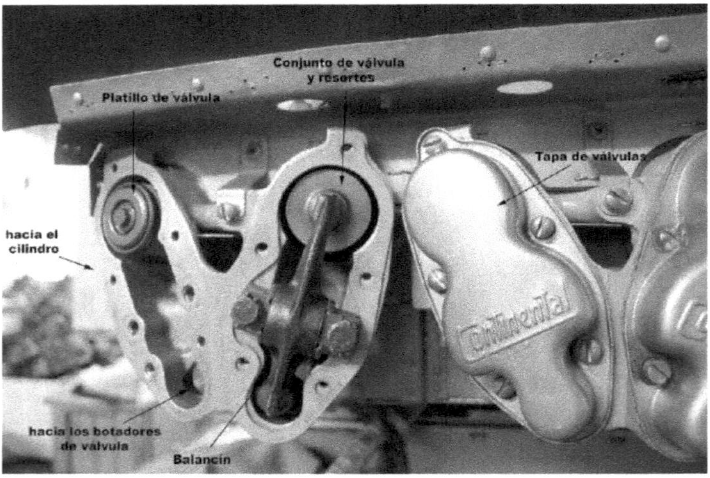

Figura 17 Vista de los conjuntos instalados.

En la imagen anterior (ver Figura 17) podemos observar como queda instalado el conjunto de válvulas y resortes en las posiciones de admisión y escape del cilindro; en este caso la disposición separada lateral corresponde a un cilindro de mayor capacidad, en este ejemplo se muestra el conjunto de un motor Teledyne Continental TSIO-540.

Sobre el lateral del cuerpo del cilindro se encuentra un orificio roscado en su interior, que sirve de alojamiento para la bujía. En el gráfico también se muestra un inserto adaptador, este se utiliza para casos de re mecanizado y uso de bujías tamaño estándar.

La conexión eléctrica a las bujías llega a través del arnés o cableado del sistema de encendido. En los capítulos siguientes iremos entrando en el tema de encendido particularmente, simplemente acá se ve la referencia del modo y ubicación de la instalación. En la imagen que se ve a continuación (ver Figura 18) se observa la instalación de las bobinas magnetos, el arnés de encendido y una de las bujías a modo de ejemplo.

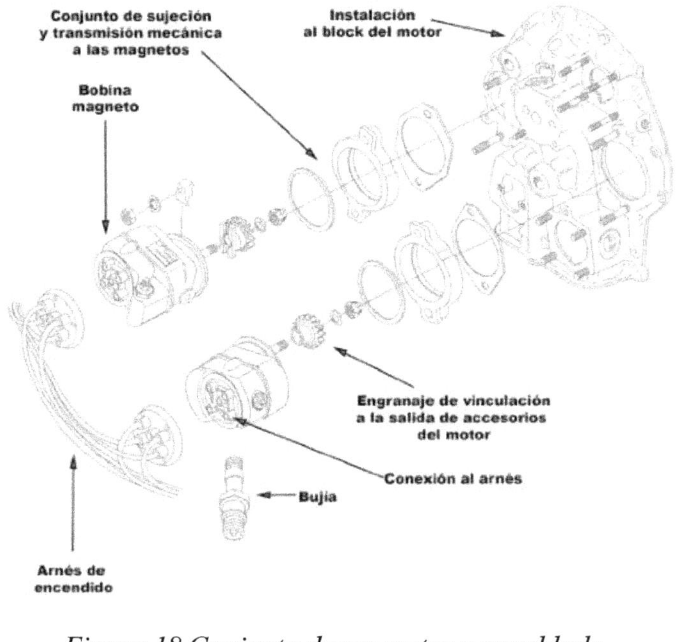

Figura 18 Conjunto de magnetos y encablado.

Todo motor aeronáutico posee doble sistema de encendido, para asegurar su confiabilidad en servicio. Para aquellos interesados, la norma de certificación es la FAR 33 "Estándares de aeronavegabilidad para los motores aeronáuticos" de los EE.UU. y la JAR 33 para la Unión Europea... el restos de países del mundo nos hemos alineado con esa normativa, por lo tanto los estándares de certificación son los mismos.

En el gráfico de la Figura 19 se pueden ver ambos magnetos instalados y vinculadas directamente en la zona trasera de los accesorios de motor. Desde ambos dispositivos parte el arnés del cableado hacia las bujías. El funcionamiento de las magnetos y las bujías lo desarrollaremos en detalles cuando nos centremos en el encendido del motor.

La sección trasera de accesorios es parte del block del motor; al igual que el block, son fabricadas en fundición. Su función principal es la de alojar los distintos trenes de engranajes que impulsan las magnetos y las distintas bombas de sistemas. A su vez, los trenes de engranajes están conformados por engranajes rectos y biselados; todo el conjunto se encuentra en una cámara cerrada y lubricada, tal como el resto de los componentes mecánicos del block y cilindros.

Figura 19 Motor Lycoming IO-360 instalado en un Cessna 172

En la figura anterior podemos ver el motor al que nos referíamos en la descripción de los párrafos anteriores, ya instalado en el avión. Cabe mencionar que en la imagen se ve un motor IO-360, en este caso se trata del mismo motor, pero en vez de sistema de carburación, posee instalado sistema de inyección de combustible. Más adelante nos referiremos a la individualización según el tipo de motor.

Por detrás del motor, en la Figura 19 observamos también el conjunto de toma del motor a la estructura de la aeronave, a este se lo conoce con el nombre de bancada. La bancada es un soporte estructural de tubos de acero (generalmente acero AISI 4130). Entre la bancada y el motor propiamente dicho se encuentra el parallamas, se trata de un revestimiento de chapa de acero que aísla al motor y el conjunto de alimentación de combustible con el resto de la aeronave. En párrafos más adelante se describe en detalle el conjunto estructural.

En los párrafos anteriores describimos los componentes mecánicos principales del motor O-360. A estos debemos considerar los siguientes sistemas auxiliares y componentes accesorios indispensables para el fruncimiento integral. Ellos, son:

***Sistema de encendido*:** está compuesto por las bobinas, magnetos, el cableado o arnés de encendido y las bujías. En los siguientes párrafos veremos las particularidades de cada uno de los componentes del sistema.

Sistema de lubricación: está formado por la bomba mecánica impulsora, el conjunto de ductos interiores del block y demás tuberías de distribución. El aceite fluye a presión por los ductos hacia los orificios de lubricación del block, cigüeñal, cojinetes, árbol de levas. La bomba genera la presión necesaria para mantener todos los componentes metálicos del motor separados por la película lubricante. Es importante mencionar que una obstrucción parcial de los conductos de lubricación en el block o en los cojinetes, durante el funcionamiento con potencia de crucero, producirá una falla mecánica crítica en menos de 5 segundos de funcionamiento. La falta de lubricación en los componentes principales provoca el contacto entre metales que muy rápidamente deriva en la fractura de cigüeñal o desprendimientos de bielas. Ambas fallas son las que más se presentan por este tipo de origen. En capítulo aparte se describirán en detalle las particularidades de este sistema.

Sistema de combustible

Se encuentra conformado por la bomba de combustible (según avión y motor se encuentran instaladas bombas mecánicas y bombas eléctricas), las tuberías (rígidas y flexibles) de alimentación, los tanques de almacenamiento, medidores de presión de flujo, válvulas selectoras de consumo, bombas complementarias o de refuerzo y filtros.

El sistema de combustible comienza en los tanques de almacenamiento y termina en el sistema de combustible del motor. En aviones propulsados con un motor alternativo, la bomba de combustible impulsada por el motor y el sistema de medición consisten en los componentes principales desde el punto en el que el combustible ingresa a la primera unidad de control hasta que el combustible se inyecta en el tubo o cilindro de admisión. Por ejemplo, el sistema de combustible del motor de un motor típico tiene una bomba de combustible impulsada por el motor, la unidad de control de combustible / aire (dispositivo de medición), la válvula del colector de combustible y las boquillas de descarga de combustible. El sistema de medición de combustible en los motores recíprocos actuales mide el combustible en una proporción predeterminada al flujo de aire. El flujo de aire al motor es controlado por el carburador o la unidad de control de combustible / aire; en el siguiente capítulo nos ocuparemos del carburador y el proceso de carburación.

La medición de cantidad de combustible en los tanques varía según el tipo de aeronave. En aviones livianos de aviación general, habitualmente se utilizan los siguientes tipos de medición:

***Lectura directa*:** es todo aquel dispositivo a través del que el piloto observa el combustible remanente de modo directo con una escala graduada. El principio de funcionamiento es un conjunto de mangueras de trasvase que funcionan por el principio de vasos comunicantes.

Figura 20. lectura directa de combustible en cabina de un Piper J3.

Lectura directa con indicador: el mismo principio de funcionamiento explicado en el párrafo anterior puede ser conectado a un instrumento de lectura directa. En estos casos, la escala graduada se muestra como un cuadrante de un instrumento analógico tradicional de cabina.

Figura 21. Vista del indicador de combustible ubicado en el lateral superior derecho de la cabina de un Cessna 170.

Sistemas combinados de indicación: se trata de sistemas eléctricos y/o electrónicos que combinan dispositivos de toma de lectura en el interior de los tanques con indicadores analógicos o digitales en la cabina de vuelo. Se trata de una indicación indirecta procesada por un conjunto electrónico. Estos sistemas utilizan el principio de capacitancia o reactancia eléctrica para transmitir una señal hacia los instrumentos de cabina. Este tipo de principio es el más utilizado en aeronaves de aviación general (ver Figura 22).

Figura 22. Representación de los indicadores de combustible de una aeronave Beechcraft B55

La válvula selectora de combustible (ver Figura 23) es el dispositivo que posee el piloto en la cabina de vuelo para seleccionar desde cuál tanque se está alimentando el o los motores. En los aviones medianos y de gran porte, esta selección se realiza de modo automático para compenzar consumo.

Figura 23. Llave selectora de combustible.

Los tubos y mangueras de alimentación de combustible son fácilmente identificables en la aeronave, ya que están especialmente individualizados y protegidos.

Es un conjunto de tuberías que vincula la salida de cada una de las válvulas de escapa de los cilindros con un colector único (ver Figura 24), cuya función es la de reducir el nivel de ruidos proveniente de la combustión y posterior escape. El silenciador se vuelve a unificar en uno o dos ductos de salida, destinados a la eliminación de los gases de la combustión.

Figura 24. Vista del conjunto de tubos de escape.

El silenciador de escape que se ve en le figura anterior hace las veces de "colector" de los gases de escape. Cada uno de los cilindros posee instalado un tubo a la salida de la válvula de escape, que es el encargado de transmitir los gases hacia el silenciador y desde allí hacia el exterior.

Carburador: Es el dispositivo encargado de regular la cantidad de aire que ingresará a las cámaras de los cilindros. Nos dedicaremos en particular al funcionamiento del carburados en los siguientes capítulos del presente libro.

Accesorios mecánicos: El motor está equipado con bombas mecánicas que generan el impulso de los fluidos necesarios para su funcionamiento; es decir: aceite y combustible. Cada una de las bombas está vinculada al motor a través de un tren de engranajes. Por ejemplo, en la mayoría de los motores, la bomba mecánica de combustible, está impulsada por el engranaje principal a la salida del árbol de levas. En la siguiente imagen podemos ver un ejemplo de bomba mecánica de combustible (ver Figura 25).

Figura 25. Bomba mecánica de combustible.

En la imagen anterior podemos observar las vistas de la bomba mecánica mencionada. Del lado izquierdo podemos individualizar un bulón en el extremo que permite corregir y ajustar el flujo de combustible que impulsa la bomba a través de un diafragma interno de goma. A la derecha de la imagen vemos la conexión de rueda dentada hacia el tren de engranajes que impulsa al componentes desde el árbol de levas.

Algunas bombas de combustible se encuentran equipadas con una cápsula aneroide, que cumplen las veces de "altímetro"; es decir, realizan correcciones y ajustes de caudal según la altitud y los requerimientos específicos del motor de acuerdo con la presión que censa el dispositivo.

Instalación en el avión: El motor, independientemente de su peso y potencia, requiere de una fijación estructural de alta resistencia. Por un lado, la estructura debe ser capaz de soportar el peso propio del motor, y por otro debe disolver y transmitir todas las cargas relacionadas con el torque, vibración, y demás fuerzas normales de servicio que se presentan durante el funcionamiento.

Para ello, existe un conjunto estructural llamado bancada. La bancada es el soporte del motor en el avión. Veamos en la siguiente imagen (ver Figura 26) un ejemplo en una aeronave monomotor.

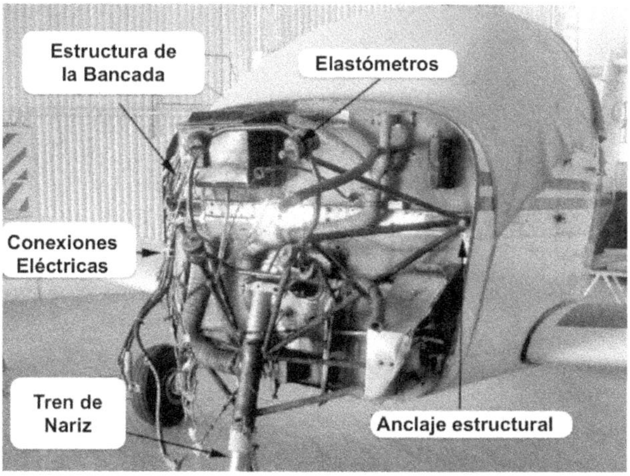

El principio de instalación y anclaje es similar en todas las aeronaves, depende del porte y dimensiones; pero mantiene el criterio. La estructura suele estar fabricada en tubos sin costura de acero (AISI 4130 acero al cromo molibdeno), vinculados entre sí con soldaduras MIG o TIG y anclados mecánicamente con bulonería AN de alta resistencia. Es muy importante la instalación y estado de los asientos elastoméricos, responsables primarios de absorber las vibraciones... la goma en las que están fabricados sirve de aislante vibratorio entre el motor y el resto del avión.

La toma de la bancada, en el caso anterior, se realiza sobre el extremo de la estructura de la cabina de la aeronave. Entre la bancada y la cabina de vuelo se ubica una placa estructural de separación llamada "parallamas"; más allá de separar la zona del motor con la cabina, cumple las funciones de aislar al avión en caso de fuego en el motor.

En el caso de aeronaves bimotores, el principio de fijación y vinculación es el mismo. En la siguiente imagen (Figura siguiente) podemos observar el caso de la aeronave Ted Smith 601 Aerostar y su motorización Lycoming TSIO-540.

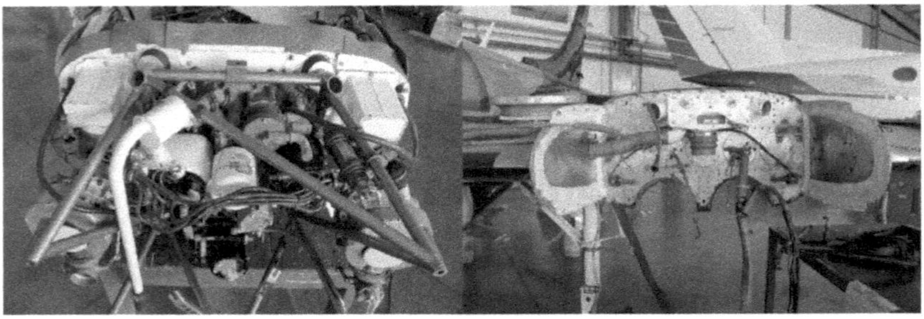

En el caso de aeronaves propulsadas por motores turbohélices, si bien varía la forma de la bancada por las características del motor, el principio de instalación es similar al del motor alternativo. Por el contrario, los motores a reacción poseen un conjunto de instalación estructural distinto, llamado pilón... en este libro no nos centraremos en motores a reacción, por lo que el desarrollo de este tema se desarrollará en los siguientes tomos de la presente colección.

Sistema de lubricación del motor

Lo primero que debemos conocer antes de definir el concepto de lubricación son los fundamentos del fenómeno de fricción y del de desgaste. La fricción básicamente es la resistencia al desplazamiento o movimiento entre dos cuerpos en contacto (ver Figura 28). En la fricción o rozamiento intervienen dos componentes principales de fuerzas: la fuerza de *fricción dinámica* –componente de esfuerzo que se opone al movimiento entre ambas superficies–, y la fuerza de *fricción estática* –fuerza inercial que se opone al inicio del movimiento–. En forma general y con el objetivo de una mejor comprensión, pueden mencionarse las siguientes características generales del fenómeno de fricción:

- El vector de rozamiento (expresión de la fuerza) es paralelo a las superficies de contacto.

• El coeficiente de rozamiento (relación de contacto) depende directamente del tipo de superficie, su granulometría y el estado que presente al momento de producirse el fenómeno.

• La fuerza de rozamiento es mayor al momento en el que se inicia el proceso (relación fuerza dinámica frente a fuerza estática).

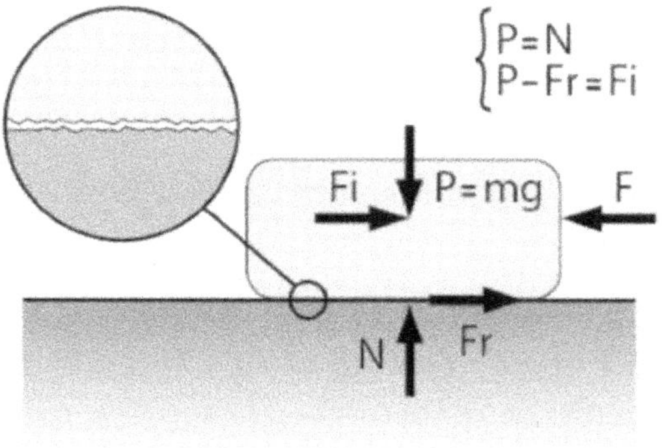

En la figura anterior podemos observar un esquema simple de representación de los principales vectores de fuerza que intervienen en este fenómeno. La gran mayoría de la bibliografía resume las leyes del comportamiento y desarrollo de la fricción en dos postulados:

•La resistencia al deslizamiento tangencial entre dos cuerpos es proporcional a la fuerza normal ejercida entre los mismos.

•La resistencia al deslizamiento tangencial entre dos cuerpos es independiente de las dimensiones de contacto entre ambos.

No vamos a introducirnos más en el fenómeno físico, sino aplicarlo al funcionamiento del motor. Lo importante es conocer el efecto que se produce entre el contacto de dos elementos... si lo traspalamos al motor, veremos que la gran mayoría de sus componentes están en contacto, sujetos a una gran cantidad de esfuerzos; por lo tanto es indispensable una capa protectora entre esos elementos que evite la fricción, el posterior desgaste y la falla en servicio. Justamente, esa función es la que cumple el lubricante dentro del motor. Podemos definir al proceso de lubricación como el mecanismo a través del cual se evita el contacto entre partes debido al uso de un fluido viscoso que separa esos elementos y resiste las cargas mecánicas sin que las superficies se toquen en ningún momento. En el motor, el fluido viscoso es el aceite. Por lo tanto, las propiedades y calidad del aceite influyen directamente el correcto funcionamiento del motor. Como primer aspecto destacado y relacionado directamente con el funcionamiento del motor, debemos considerar las siguientes variables:

• El motor cuenta con componentes mecánicos en los que, gran parte de su superficie se encuentra en condiciones de entrar en contacto entre sí.

•Existen una variedad de tipos de material en los componentes constitutivos del motor (en su mayoría aleaciones de acero y de aluminio).

• El motor es una máquina que funciona con alta temperatura. • El motor genera una gran fuerza y trabajo mecánico.

En virtud de estas cuatro variables, el lubricante utilizado debe reunir las condiciones específicas de modo tal que, pueda proteger todas las superficies de contacto durante ciclos de trabajo de altas cargas mecánicas y térmicas. Para cumplir con esa función, el aceite debe poseer una determinada viscosidad, índice de viscosidad y punto de ignición; además de contener determinados aditivos que mejoren su performance. A continuación, veamos un resumen de los conceptos y características claves de los aceites:

Viscosidad: Es una propiedad física de los fluidos que expresa la relación de movimiento entre las partículas constitutivas, que permiten el movimiento (fluidez). Todos los fluidos presentan esa característica, excepto los fluidos ideales que carecen de viscosidad.

La viscosidad se aprecia únicamente cuando un fluido está en movimiento, técnicamente se define a la propiedad como la relación entre los esfuerzos de corte y el gradiente de velocidad de movimiento de la masa fluida. En pocas palabras, es la capacidad que tiene el aceite de fluir y aislar superficies de contacto debido a las fuerzas de resistencia que posee el líquido.

En los lubricantes, ese valor está expresado por un valor adimensional que varía del 10 al 70 (SAE 10 al 70), que identifica la característica de viscosidad. Además del valor numérico, también se individualiza al aceite con letras, habitualmente la "W"; esto muestra que el aceite cumple con la misma característica de viscosidad en un rango de temperaturas muy amplio. La "W" representa a la palabra Winter -invierno en inglés- como sinónimo de capacidad de operación desde temperaturas extremadamente bajas por el clima, hasta las máximas que desarrolle el motor.

Índice de viscosidad: El índice de viscosidad es un número que indica el efecto de los cambios de temperatura en la viscosidad del aceite. Cuando el aceite tiene un índice de viscosidad bajo, significa un cambio relativamente grande de viscosidad al aumentar la temperatura. El aceite sufre un proceso similar a la dilución cuando se lo expone a temperaturas extremas y se espesa a bajas temperaturas. Los aceites con un alto índice de viscosidad tienen pequeños cambios en la viscosidad en un amplio rango de temperatura.

El mejor aceite para la mayoría de los propósitos es uno que mantiene una viscosidad constante durante los cambios de temperatura. El aceite que tiene un alto índice de viscosidad resiste el espesamiento excesivo cuando el motor se somete a temperaturas frías. Esto permite velocidades de arranque rápidas durante la puesta en marcha y una rápida circulación de aceite durante el arranque inicial.

Punto de inflamación: Es el valor máximo de temperatura que puede soportar el fluido antes de entrar en ignición. Este valor se comprueba para todos los aceites certificados para motores, con el objetivo de asegurar que los valores de punto de inflamación se encuentren muy por debajo de las temperaturas máximas de operación que puede soportar el motor.

La lubricación del motor alternativo

Los motores alternativos de uso aeronáutico poseen dos principios básicos o tipos de sistema de lubricación:

• Lubricación por cárter húmedo

• Lubricación por cárter seco

La principal diferencia es que el sistema de cárter húmedo almacena el aceite en un depósito dentro del motor. Una vez que el aceite circula a través del motor, se devuelve a este depósito (base de cárter). Un motor de cárter seco bombea el aceite del cárter del motor a un tanque externo que lo almacena. El sistema de cárter seco utiliza una bomba de barrido, algunos tubos externos y un tanque externo para almacenar el aceite. El aceite lubricante se distribuye a las distintas partes móviles de un motor de combustión interna típico mediante uno de los tres métodos siguientes: presión, salpicadura o una combinación de presión y salpicadura. El flujo y movimiento interno del lubricante se logra a través del impulso de una bomba mecánica, vinculada al movimiento del árbol de levas, desde el tren trasero de engranajes del motor. El sistema de lubricación a presión es el principal método de lubricación de motores alternativos en la actualidad. La lubricación por salpicadura se puede usar además de la lubricación a presión en los motores de los aviones, pero nunca se usa sola. Las ventajas de la lubricación a presión utilizada en la actualidad son:

- Introducción positiva de aceite a los rodamientos y cojinetes.

- Efecto de enfriamiento causado por las grandes cantidades de aceite que pueden bombearse o circularse a través de un rodamiento.

- Lubricación satisfactoria en diversas actitudes (y aceleraciones) durante el vuelo. Este tipo de sistemas de lubricación están conformados por los siguientes componentes principales: Bombas mecánicas de impulso.

- Bombas de presión (en algunos casos).• Vías de alimentación y retorno.

- Radiador o intercambiador de temperatura.

- Filtros

- Cárter o colector. La lubricación adecuada del motor es crítica. Como se mencionó en párrafos anteriores, un detrimento en el caudal de lubricación puede causar el colapso mecánico abrupto de bielas, pistones, cigüeñal, árbol de levas, entre otros componentes mecánicos críticos; más adelante veremos un caso práctico que ejemplifica este tema. El cuidado del motor también depende de la cantidad y calidad del lubricante que contiene el motor.

Aviation Bookstore
aviation step by step

Sistema de encendido

Aviation Bookstore
aviation step by step

Sistema de Encendido

El sistema de encendido de un motor alternativo está compuesto por conjuntos de dispositivos eléctricos y mecánicos, cuya función es la de suministrar la chispa adecuada constantemente, mientras que el motor está funcionando. Para poder entender el funcionamiento, primero debemos mencionar que existen dos tipos de sistemas de encendido: aquellos que utilizan bobinas magnetos y los que se encuentran equipados con unidades de control eléctrico digital del sistema de encendido y combustible (unidades *FADEC - Full Authority Digital Engine Control*).

Sistemas de encendido por magnetos

En capítulo aparte se desarrollarán los conceptos relacionados con la generación de energía eléctrica a bordo. Por ello, comenzaremos enumerando y explicando los fundamentos y componentes principales de los motores equipados con magnetos:

- Bobinas magnetos
- Motor de arranque
- Arnés de encendido
- Bujías

Los sistemas de ignición por magnetos, a su vez, se pueden clasificar en sistemas de alta tensión o sistemas de baja tensión. El sistema magneto de baja tensión, genera un bajo voltaje que se distribuye a una bobina transformadora cerca de cada bujía. Este sistema elimina algunos problemas inherentes al sistema de alta tensión que contenía el alto voltaje hasta que pasó a través de la bujía. Los materiales que se usaban para los cables de encendido no podían soportar el alto voltaje y eran propensos a filtrarse a tierra antes de que la chispa llegara al cilindro. A medida que se desarrollaron nuevos materiales y se desarrolló el blindaje, se superaron los problemas con los magnetos de alta tensión. El sistema magneto de alta tensión sigue siendo el sistema de encendido de aeronaves más utilizado.

Las bobinas magnetos (ver Figura 29) consisten en un generador básico de corriente alterna, que reciben el impulso mecánico proveniente del tren de engranajes del motor. Como cualquier generador, su función es transformar la energía mecánica en energía eléctrica; utilizan los fundamentos teóricos de los principios físicos del electromagnetismo a través de un iman permanente y una bobina devanada tradicional.

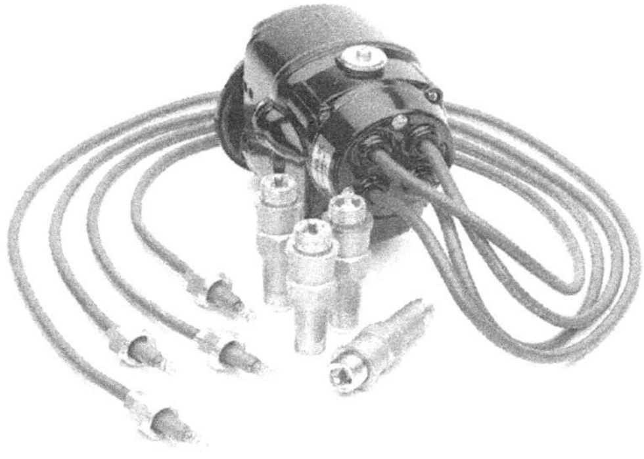

Figura 29. Bobina magneto, arnés de encendido y bujías

A medida que se produce la energía eléctrica se transmite por el arnés o cableado de encendido hacia cada una de las bujías instaladas en los cilindros. Dentro del magneto, en el momento correcto, el flujo de corriente se detiene y el campo magnético colapsa a través de un segundo conjunto de devanados en la bobina y se genera un alto voltaje. Este es el voltaje usado para atravesar la brecha de la bujía. En ambos casos, las tres cosas básicas necesarias para generar energía eléctrica están presentes para desarrollar el alto voltaje que obliga a una chispa a saltar a través de la brecha de la bujía en cada cilindro. El funcionamiento del magneto se sincroniza con el motor de modo que se produzca una chispa solo cuando el pistón se encuentra en la carrera adecuada en un número específico de grados de cigüeñal antes de la posición del pistón del punto muerto superior.

Existen magnetos simples y magnetos duales, que indistintamente pueden ser utilizados en los motores aeronáuticos. El diseño de magneto simple o único incorpora el distribuidor en la carcasa con el conjunto del interruptor del magneto, un imán giratorio y la bobina; estos tres son los que producen el efecto electromagnéticos de generación de electricidad. El magneto dual incorpora dos magnetos contenidos en una sola carcasa o estructura. La bobina de magnetismo dual está compuesta por un imán giratorio y una leva que son comunes a dos conjuntos de puntos de ruptura y bobinas.

Puesta en marcha

El procedimiento de puesta en marcha de un motor alternativo es sencillo y con pocos pasos de acción. El accionamiento principal para la puesta en marcha se genera a través del control ubicado en la cabina de vuelo, llamado comúnmente "llave de magnetos" (ver Figura 30). La llave de accionamiento cuenta con cinco posiciones para la operación:

***OFF*:** apagado del motor y con corte de suministro de combustible y energía.

***R - right*:** uso de la magneto derecha únicamente, esta posición solo energiza las bujías conectadas a esta bobina, por lo que el motor queda funcionando un solo sistema de encendido.

***L - left*:** uso de la magneto izquierda únicamente, esta posición solo energiza las bujías conectadas a esta bobina, por lo que el motor queda funcionando un solo sistema de encendido.

***BOTH*:** ambos. En esta posición, ambas bobinas magnetos se encuentran funcionando; por lo que el motor opera con el doble sistema de encendido.

***START*:** arranque. Posición que acciona el sistema de puesta en marcha del motor.

Figura 30. Vista de la llave de magnetos en la cabina de vuelo de un Cessna 152

Como hemos dicho, el sistema de encendido es vital para el funcionamiento del motor; es por ello que debe realizarse una comprobación antes de cada vuelo. Cada aeronave tiene sus propios procedimientos que deben cumplirse sin excusas… más allá de ello, podemos mencionar un procedimiento general aplicable a la gran mayoría de motores alternativos:

- Comprobar los valores de presión de admisión, temperatura y presión de aceite.
- Seleccionar la potencia entre 1700 a 2000 vueltas (según motor).
- Seleccionar la llave de magnetos desde la posición BOTH a la posición L. Con la llave en L debemos comprobar que las rpm no caigan más de 100 vueltas (según motor).

- Volver la llave a la posición BOTH y luego llevarla a la posición R, repitiendo la comprobación anterior.
- Volver a comprobar los valores de presión de admisión, temperatura y presión de aceite.

Secuencia de encendido

La sincronización de las magnetos es vital para el correcto funcionamiento integral del sistema. Si bien existe un margen de tolerancia (en cuanto al tiempo y la posición); es necesario mantener su puesta a punto dentro de los valores de tolerancia establecidos.

La relación de la sincronización del tiempo de encendido y la energía transmitida depende de la cantidad de cilindro del motor y el volumen interno de la cámara. A este proceso de sincronización se lo conoce como orden de encendido (ver Figura 31).

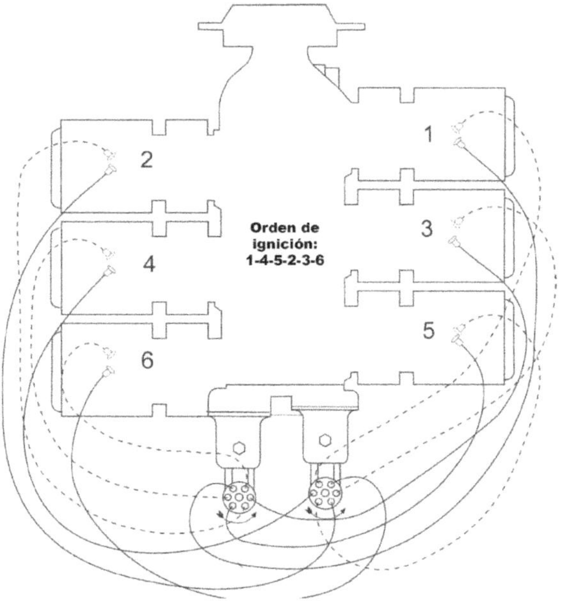

Figura 31 Orden de encendidos de motor de 6 cilindros.

En el ejemplo del gráfico anterior observamos el orden de encendido de un motor Lycoming IO-540. Como todo motor aeronáutico, se encuentra equipados con dos bobinas magnetos. Desde cada una de ellas parte un cable que la vincula a cada uno de los cilindros, por lo tanto, a cada cilindro llegan dos cables que energizan de modo independiente a cada una de las bujías. A esto es lo que habitualmente se lo denomina sistema doble de encendido.

En la figura anterior podemos observar el detalle de la conexión y el modo de encendido del motor, este es conocido con el nombre de orden de encendido. Esta última define el orden cronológico en que se produce la combustión en cada uno de los cilindros. Como mencionamos al principio, los cuatro tiempos del Ciclo de Otto se desarrollan en los cilindros con un orden de trabajo.

Cabe señalar que, los distintos fabricantes de motores alternativos numeran los cilindros de moto distinto; por lo tanto, la secuencia de encendido será distinta, por ejemplo, para los motores Avco Lycoming y para los motores Teledyne Continental.

El impulso eléctrico que parte desde los magnetos debe estar perfectamente sincronizada para que, ambas bobinas energicen a la bujía al mismo tiempo. De este modo se logra la combustión completa de la mezcla de aire y combustible que se introdujo en la cámara del cilindro. Para que esta descripción no solo quede clara en el plano teórico, sino que se transforme en un elemento de seguridad en la operación de vuelo, es importante considerar siempre las siguientes variables:

- Estado de la malla y aislante del cableado o arnés de encendido
- Estado de las conexiones
- Sincronización de las magnetos

Figura 32. Estado correcto del cableado y su conexión a la bujía.

Sistemas electrónicos de encendido y control

Los sistemas electrónicos de control de encendido y administración de combustible se encuentran representados por las unidades FADEC (*Full Authrority Digital Engine Control*); estas unidades pueden controlar las funciones tanto en motores alternativos como en reactores.

Las FADEC son conjuntos de estado sólido que están compuestos por un sistema de computadora central llamada EEC (*Electronic Engine Control*), los dispositivos que controlan el impulso eléctrico hacia el arnés de encendido, regulan la mezcla de motor y el ingreso del combustible. Las FADEC monitorean y controlan continuamente el encendido, la sincronización y la mezcla e inyección de combustible.

Estos equipos también tienen la capacidad de controlar las condiciones de funcionamiento del motor (velocidad del cigüeñal -rpm-, posición del punto muerto superior, la presión del colector de admisión y la temperatura del aire de admisión) y luego ajusta automáticamente la mezcla de relación combustible-aire y el tiempo de encendido en consecuencia, para que cualquier ajuste de potencia dado alcance un motor óptimo. Debido a sus funcionalidades, los motores equipados con FADEC no requieren ni magnetos ni ajuste manual de mezcla.

El sistema FADEC se encuentra basado en el funcionamiento de un microprocesador del ECEC que controla el tiempo de encendido para el arranque del motor y varía el tiempo con respecto con la velocidad del motor y la presión del colector de admisión. Es decir, el equipo ajusta constantemente todas las variables que intervienen en la generación de potencia, con el objetivo de optimizar el uso del combustible, aprovechar la totalidad de la combustión y transformarla en energía mecánica.

Figura 33. Ejemplo de motor alternativo Rotax 912 S equipado con una unidad FADEC.

El microprocesador que mencionamos en párrafos anteriores, asigna una ECU (*Electronic Control Unit*) a un par de cilindros del motor. Las ECU controlan la mezcla de combustible y la sincronización de la chispa para sus respectivos cilindros del motor. En el caso supuesto de un motor de 6 cilindros como el Lycoming IO-540 que vimos antes, la ECU 1 controla los cilindros opuestos 1 y 2, la ECU 2 controla los cilindros 3 y 4, y la ECU 3 controla los cilindros 5 y 6. Cada ECU se divide en porciones superior e inferior. La parte inferior contiene una placa de circuito electrónico, mientras que la parte superior aloja las bobinas de encendido. Cada placa de control electrónico contiene dos controladores de microprocesador independientes que sirven como canales de control. Durante la operación del motor, se asigna un canal de control para operar un cilindro de un solo motor. Por lo tanto, una ECU puede controlar dos cilindros del motor, un canal de control por cilindro.

Los canales de control son independientes y no hay componentes electrónicos compartidos dentro de una ECU. También funcionan con fuentes de alimentación independientes y separadas. Sin embargo, si un canal de control falla, el otro canal de control en el par dentro de la misma ECU puede operar tanto su cilindro asignado como el otro cilindro del motor opuesto como control de respaldo para la inyección de combustible y el tiempo de encendido. Cada canal de control en la ECU monitorea las condiciones de operación actuales y opera su cilindro para lograr la operación del motor. El sistema de encendido a través del uso de FADEC está conformado por lo que se denomina como PLIS (*Power Link Ignition System*). Este conjunto consta de las bobinas de alto voltaje que se encuentran sobre la ECU, el arnés de alto voltaje y las bujías (ver Figura 34).

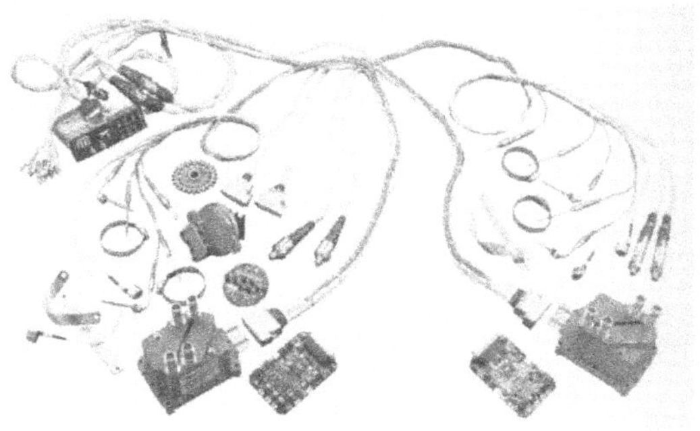

Figura 34. Ejemplo del Power Link Ignition System (Fuente: doc. FAA-H-8083-32-AMT).

Dado que hay dos bujías por cilindro en todos los motores, un motor de seis cilindros tiene 12 conductores y 12 bujías. Un extremo de cada cable en el arnés de alto voltaje se conecta a una bujía, y el otro extremo del cable se conecta a las torres de bujías en cada ECU. El par de torres de chispa está conectado a los extremos opuestos de uno de los paquetes de bobinas de la ECU. Dos paquetes de bobinas están ubicados en la parte superior de la ECU. Cada uno de los paquetes de bobinas generan un pulso de alto voltaje para dos torres de bujías. Una torre dispara un impulso de polaridad positiva y la otra de la misma bobina dispara un impulso de polaridad negativa.

Por su parte, cada ECU controla la chispa de encendido para dos cilindros del motor. El canal de control dentro de cada ECU ordena a uno de los dos paquetes de bobinas que controlen la chispa de encendido de los cilindros del motor. El arnés de alto voltaje transporta energía de las torres de chispa de la ECU a las bujías del motor. Si bien hemos mencionado hasta aquí todas las ventajas que tiene el sistema de inyección de combustible; también es muy importante considerar tres aspectos del sistema relacionados directamente con la seguridad del vuelo:

- Los motores con sistema de inyección de combustible presentan una mayor dificultad de re encendido en caliente (en vuelo, por lo general).
- El sistema es más propenso a formar tapones de vapor durante la operación terrestre, sobre todo en climas cálidos.
- Cuando se presenta una condición de bajo combustible en vuelo, las fallas se darán antes que si la misma condición ocurriese con un motor equipado con carburador.

Arrancador o cupla de impulso

El arrancador es un pequeño dispositivo electromecánico cuya función es la de generar un impulso mecánico hacia las magnetos para propiciar la puesta en marcha del motor. La gran mayoría de los motores alternativos poseen instalado un arrancador, que energiza a la bobina magneto izquierda durante la puesta en marcha. La acción de impulso que produce el arrancador es breve, ya que una vez que el motor logró la puesta en marcha, el impulso mecánico de las magnetos proviene del tren de engranajes. La cupla de impulso consta de un sencillo mecanismo de elementos de tracción cargados por un resorte helicoidal y un par de contrapesos; que son los que generan el impulso instantáneo al momento del arranque. La magneto se conecta a través de un vínculo flexible al acople del arrancador.

El contrapeso, debido a la rotación lenta, se engancha en un perno prisionero o topes de detención, y el resorte magneto se enrolla cuando el motor continúa girando. El motor continúa girando hasta que el pistón del cilindro que se va a disparar alcanza aproximadamente una posición de punto muerto superior. En este punto, el contrapeso magneto entra en contacto con el cuerpo del acoplamiento de impulso y se libera. El resorte retrocede a su posición original, dando como resultado un giro rápido del imán giratorio del magneto.

Al ser equivalente a la rotación del magneto de alta velocidad, se produce una chispa que salta el espacio en los electrodos de la bujía. Por lo tanto, el acople por impulsos ha realizado dos funciones: rotar el magneto lo suficientemente rápido para producir una buena chispa y retardar el tiempo de la chispa durante el ciclo de inicio. Una vez que se arranca el motor y el magneto alcanza una velocidad a la que proporciona suficiente corriente, los contrapesos en el acoplamiento de impulsos vuelan hacia afuera debido a la fuerza centrífuga o la rotación rápida. Esta acción evita que los dos miembros de acoplamiento de contrapeso entren en contacto con el pasador de tope. Eso lo convierte en una unidad sólida, devolviendo el magneto a una posición de sincronización normal con respecto al motor. La presencia de un acoplamiento por impulsos se identifica mediante un fuerte chasquido cuando el cigüeñal gira a la velocidad de arranque del arrancador más allá del centro superior de cada cilindro.

Bujías

La función de la bujía (ver Figura 35) en un sistema de encendido es la de conducir un corto impulso de corriente de alto voltaje a través de la pared de la cámara de combustión del cilindro. Dentro de la cámara de combustión, proporciona un espacio de aire a través del cual el impulso puede producir una chispa eléctrica para encender la carga de combustible / aire. La función que cumple la bujía en el proceso de la combustión es vital; por lo tanto su buen estado de conservación es clave... más adelante veremos algunos ejemplos de ello.

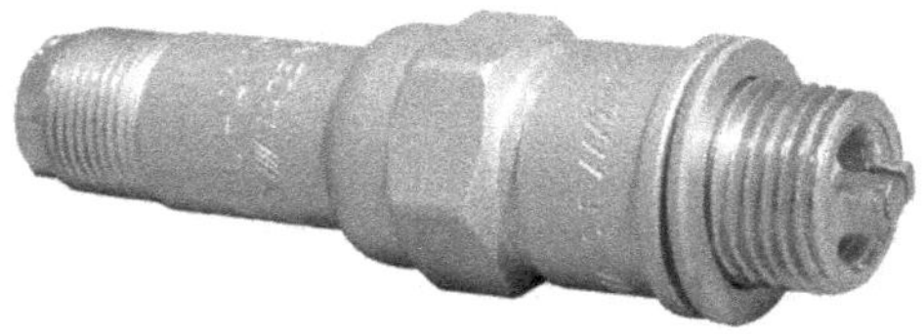

Figura 35. Vista general de una bujía Champion de aviación, donde se observa el detalle de los electrodos de encendido.

Las bujías funcionan a temperaturas extremas y presiones de cilindro muy altas. Un cilindro de un motor que funcione a 2100 rpm debe producir aproximadamente 17 chispas de alto voltaje separadas cada segundo. Esta secuencia tan veloz, aparecería como una chispa continua a través de los electrodos de la bujía a temperaturas de más de 1600° C. Al mismo tiempo, la bujía está sujeta a presiones de gas de hasta 2000 libras por pulgada cuadrada (psi) y presión eléctrica de hasta 20000 voltios.

Los tres componentes principales de una bujía son el electrodo, el aislante y la carcasa exterior. La cubierta exterior, roscada para encajar en el cilindro, generalmente está hecha de acero finamente mecanizado y, a menudo, está chapada para evitar la corrosión causada por los gases del motor y la posible incautación de la rosca.

Las roscas de tornillo de baja tolerancia y una junta de cobre evitan que la presión del gas del cilindro se escape alrededor del inserto. La presión que podría escapar a través del tapón es retenida por los sellos internos entre la cubierta metálica externa y el aislante, y entre el aislador y el conjunto del electrodo central. El otro extremo está roscado para recibir el cable de encendido del magneto. Los conectores con sellos para todo clima forman un sello entre el cable y el enchufe a prueba de agua para evitar que la humedad entre en esta conexión.

Problemas frecuentes con las bujías

Hemos descripto en algunos capítulos anteriores las consecuencias que acarrea el mal uso de la mezcla de combustible, las bujías también son uno de los elementos del motor que pueden evidenciar ese uso inadecuado. También debemos considerar que, no solo la evidencia del mal uso de la mezcla es un hecho, sino que en sí mismo acarrea problemas al motor que pueden causarle funcionamiento irregular, rateo e incluso contra explosiones. Las causas de que las bujías pueden estar generando un problema en el motor, las podemos agrupar de la siguiente manera:

- Desgaste severo de los electrodos: uso prolongado y falta de mantenimiento.
- Contaminación con carbón: uso inadecuado de mezcla y combustión fría.
- Contaminación con aceite: desgaste del motor.
- Perlada: depósitos de micro-partículas en esferas de color claro, uso de combustible con un elevado contenido de plomo.
- Arcos en los electrodos: descarga eléctrica irregular que deja daños y puentes de vinculación física entre los electrodos.

Figura 36. Vista de tres bujías fuera de servicio.

En la imagen anterior venos tres ejemplos típicos de bujías de electrodo masivo, fuera de servicio debido a una acumulación excesiva de contaminación. En el caso que observamos a la izquierda, los electrodos presentan un engrosamiento de las paredes de los electrodos debido a la acumulación de carbono; en general se la puede identificar cómo una bujía ennegrecida y con depósitos de hollín. En este caso, las evidencias nos muestras el efecto del uso de mezcla inadecuada y una combustión "fría" que, durante un tiempo considerable, no llegó a entrar en combustión la totalidad de mezcla dentro del cilindro. Los residuos de la combustión incompleta se acumulan sobre los elementos de bujías, generando con el paso del tiempo, problemas en el encendido. Los indicios que vemos nos marcan el uso alternado de mezcla excesivamente rica y mezcla muy pobre.

Además del uso de una mezcla inadecuada, una bujía en ese estado puede ser una alerta de problemas en el cableado o arnés de encendido (conexiones inadecuadas), falta de sincronización de las bobinas magnetos o problemas en le generación de una de ellas.

En las dos imágenes de la derecha podemos ver otras dos bujías fuera de servicio, en este caso, individualizamos un tipo de contaminación húmeda y aceitosa. Este tipo de contaminación es un indicador inequívoco de falla en los aros de pistón, desgaste en las válvulas, desgaste en el cuerpo interior del cilindro, como cualquier otro tipo de falla que propicie el ingreso o filtración de aceite a la cámara del cilindro.

Electricidad del motor

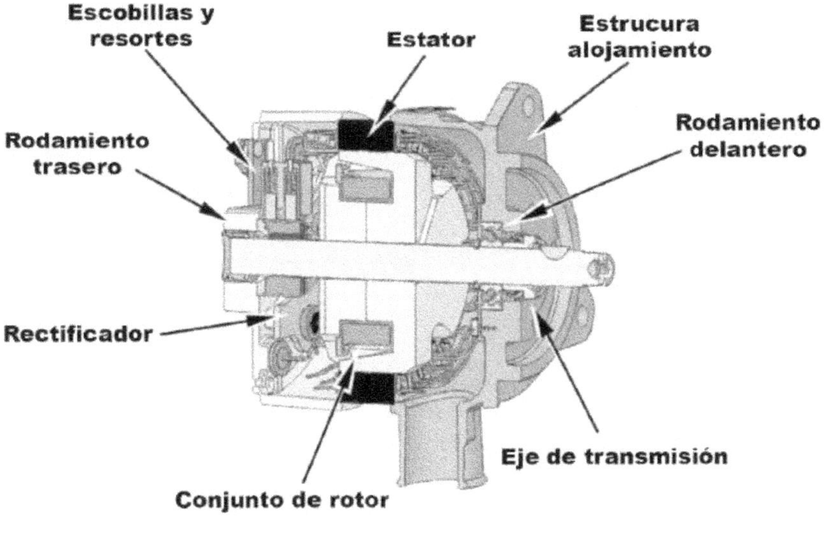

Conceptos básicos del sistema eléctrico

¿Qué es la electricidad?

La electricidad puede definirse como el conjunto de fenómenos físicos vinculados con la presencia de un flujo de cargas eléctricas. Esta es la propiedad de la gran parte de partículas subatómicas que interactúan en forma de interacción electromagnética. La electricidad es una forma de energía con una gran cantidad de aplicaciones. En los siguientes párrafos se resumen brevemente los conceptos y criterios generales vinculados a la electricidad del motor, para una mejor comprensión de todos los temas:

Carga eléctrica

Es la propiedad de determinadas partículas sub atómicas que expresa su interacción electromagnética. La materia o elementos que esté cargada eléctricamente es influída por los campos magnéticos. Por su parte, la corriente eléctrica es el flujo o desplazamiento de las partículas cargadas eléctricamente por un material que posee la capacidad de conducirlas. Ese desplazamiento de electrones a través del conductor se cuantifica en amperios.

Corriente eléctrica

Expresa el movimiento de la carga eléctrica; es decir, es la cuantificación de partículas cargadas eléctricamente que se encuentran en movimiento. El proceso por el que una corriente eléctrica circula a través de un material (o conductor) se lo conoce como conducción eléctrica.

Campo Electromagnético

Es un campo físico que se produce por la acción de elementos cargados eléctricamente. La generación de este campo se divide en dos partes, la eléctrica y la magnética. Sin embargo, esta distinción no puede ser universal sino dependiente del observador. Así un observador en movimiento relativo respecto al sistema de referencia medirá efectos eléctricos y magnéticos diferentes, que un observador en reposo respecto a dicho sistema. Esto ilustra la relatividad de lo que se denomina "parte eléctrica" y "parte magnética" del campo electromagnético.

Voltaje

Es la expresión de la tensión eléctrica o diferencia de potencial eléctrico. Se trata de una magnitud física que expresa el potencial eléctrico entre dos puntos dados. Esta cuantificación también puede ser entendida como el trabajo por unidad de carga ejercido por un campo eléctrico sobre una partícula cargada, para ser trasladada entre dos posiciones predeterminadas. Si dos puntos distantes, que poseen una diferencia de potencial, se unen a través de un elemento conductor, se producirá un flujo o transferencia de electrones desde un punto al otro. Este traslado de cargas se lo conoce como corriente eléctrica. Existen dos tipos de corriente eléctrica: la continua y la alterna.

Amperaje

El amperaje puede expresarse como la intensidad de la corriente eléctrica. La intensidad de una corriente eléctrica es la cuantificación de los electrones que fluyen por unidad en un material dado durante un determinado período de tiempo. En el Sistema Internacional de Unidades se mide o expresa en amperios, cuyo símbolo es *A*. Un amperio es igual a un culombio por segundo, esto es, un flujo de 6.241 x10 electrones por segundo. Cuando se habla de amperaje, se representa la intensidad de corriente eléctrica expresada en amperios.

Es la expresión de la potencia del flujo eléctrico que transita entre dos puntos dados. Analíticamente se define como la unidad derivada coherente para la cuantificación de la potencia eléctrica. El término Vatio es la castellanización "Watt", unidad que recibió su nombre en honor a James Watts y sus desarrollos sobre la maquina de vapor; de allí bien la génesis de la adopción en el sistema internacional de medidas. Cabe señalar que: *1 watt (W) = 1 Joule por segundo.*

El sistema eléctrico es el encargado de producir, acumular, transformar, distribuir y controlar la energía eléctrica (corriente continua y corriente alterna) desde y hacia todos los sistemas de la aeronave. Para comenzar, recordemos los conceptos elementales de los dos tipos de corriente eléctrica que se utilizan en los sistemas:

Corriente continua (CC o DC): es un flujo continuo de carga eléctrica que se desplaza a través de un conductor, entre dos puntos de distinto potencial. En la DC las cargas eléctricas circulan siempre en una misma dirección (los electrones siempre se mueven en un mismo sentido) de modo constante. La DC mantiene siempre la misma polaridad, por más que disminuya su intensidad conforme se agote la carga o impulso inicial.

Corriente alterna (CA o AC): es el tipo de flujo eléctrico donde su magnitud y sentido varían cíclicamente, es decir, es un flujo de corriente oscilatorio periódico. Se puede definir el movimiento sinusoidal a través de la siguiente expresión analítica:

$$a(t) = A_o \,.\, sen\,(\omega t + \beta)$$

Donde A_O es la amplitud expresada en voltios o amperios, ω es la pulsación en radianes o segundos, t es el tiempo y β el ángulo de la fase inicial expresado en radianes.

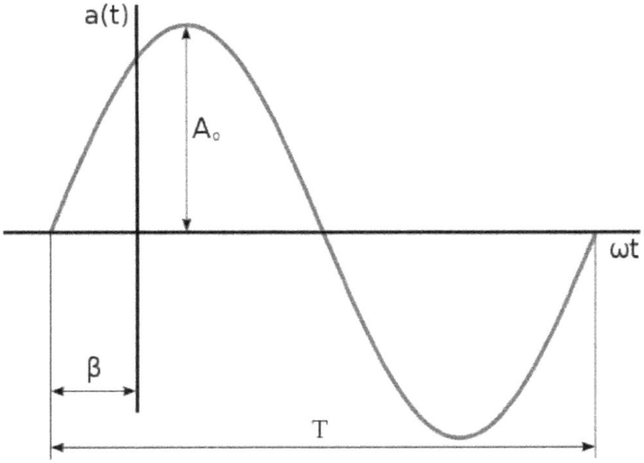

De modo general, puede mencionarse que gran parte de las aeronaves certificadas para uso civil coexisten ambos tipos de corrientes. Habitualmente en las aeronaves de transporte actuales, se utiliza corriente alterna a 115 voltios y corriente continua a 28 voltios. Los equipos abordo del avión se alimentan tanto en corriente continua como en corriente alterna en función de los requerimientos de la carga, es por ello que aunque la generación en aviación comercial sea en forma de corriente alterna será necesario disponer de conversores o rectificadores de onda, con el objetivo de alimentar a cada dispositivo con el tipo de corriente que requiera.

Generación de energía eléctrica

La industria posee una gran cantidad de variables para producir energía eléctrica destinada al consumo de diversos propósitos. Desde la generación tradicional en centrales termoeléctricas y nucleares, hasta recursos renovables y amigables con el medio ambiente como los parques eólicos y solares; sin embargo, no son útiles a los fines de energizar eléctricamente una aeronave. Con este fin, las aeronaves cuentan con sistemas de generación propia de energía que utiliza la energía mecánica y cinética, y las transforma en energía eléctrica a través de los generadores de a bordo; en el caso de los motores alternativos, esta función la cumple el alternador.

Un generador es un dispositivo capaz de mantener una diferencia de potencial eléctrico entre dos puntos conocidos como polos o bornes, que transforman la energía mecánica en eléctrica. La transformación energética se logra a través de la acción de un campo magnético sobre los conductores eléctricos dispuestos sobre una armadura o estator. El movimiento que se produce entre los conductores y el campo generará lo que se conoce como fuerza electromotriz (fem); fundamentado teóricamente en la Ley de Faraday.

La ley de Faraday o ley de la inducción electromagnética, establece que la tensión inducida en un circuito cerrado es directamente proporcional a la velocidad con que cambia en el tiempo el flujo magnético que atraviesa una superficie, con el circuito como borde.

El generador es un dispositivo que produce corriente alterna. A continuación se observa un ejemplo de generador simple (ver Figura 35).

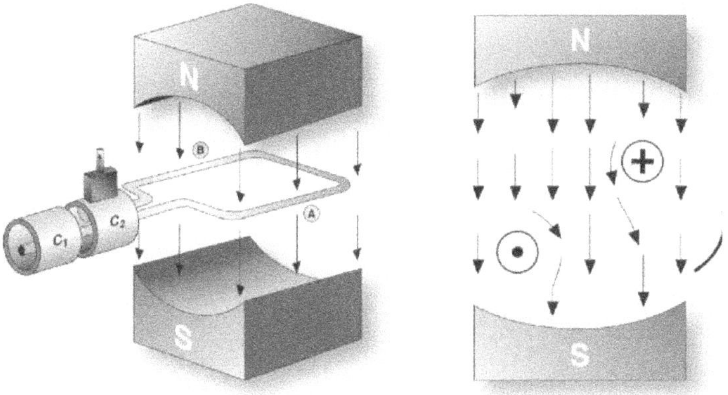

Figura 36. Ejemplo de generador simple (alternador)

El proceso de producción de la energía eléctrica consiste en un bucle rotativo, marcado con A y B, colocado entre dos polos magnéticos, N y S. Los extremos del bucle están conectados a dos anillos deslizantes metálicos (anillos colectores), C_1 y C_2. La corriente se toma de los anillos del colector mediante cepillos. Si el lazo se considera como alambres separados A y B, y se aplica la regla de la izquierda para generadores, entonces se puede observar que a medida que el alambre A se mueve a través del campo, se induce un voltaje que hace que la corriente fluya hacia adentro.

A medida que el alambre B se mueve hacia abajo a través del campo, se induce un voltaje que hace que la corriente fluya hacia afuera. Cuando los cables se forman en un bucle, los voltajes inducidos en los dos lados del bucle se combinan.

Por lo tanto, para fines explicativos, la acción de cualquiera de los conductores, A o B, mientras gira en el campo magnético es similar a la acción del bucle.

Alternadores

Un alternador no es ni más, ni menos que un generador eléctrico impulsado mecánicamente por el funcionamiento del motor (alternativo). El alternador es un generador de corriente alterna, por lo que no requiere de un sistema de regulación de la intensidad, sin embargo, si requiere de un regulador de voltaje que vincule al alternador con el sistema de encendido, la batería y los sub sistemas de alimentación del resto de los equipos de la aeronave.

Los alternadores también requieren del uso de un rectificador de onda.

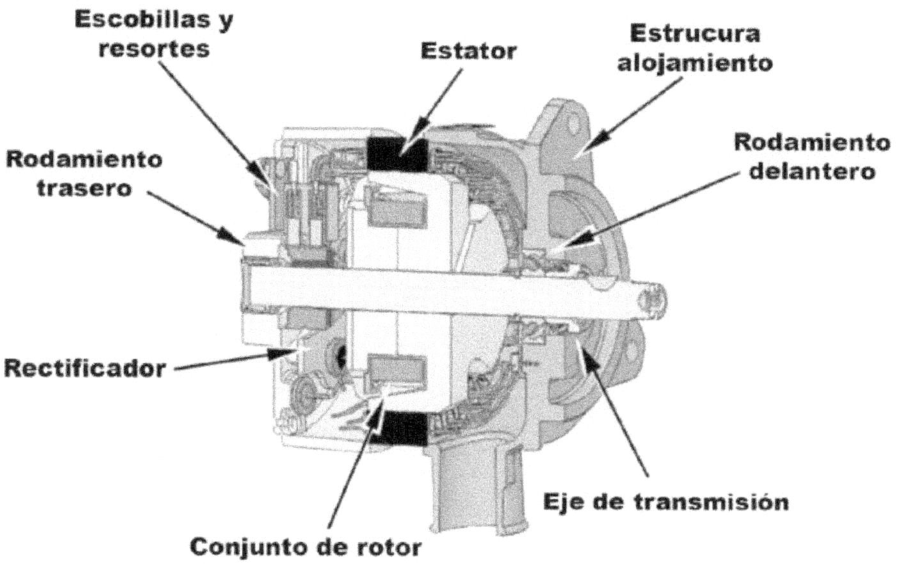

Figura 37 Vista en corte de un alternador.

Debido al principio de generación simple de la energía que explicamos en los párrafos anteriores, el alternador no posee escobillas ni elementos internos que generen chispas o saltos energéticos significativos. También es importante recordar que es un dispositivo relativamente pequeño y de fácil instalación en el motor (ver Figura 37).

Además debemos considerar que, aunque el motor esté funcionando a un régimen bajo de rpm, el alternador continuará generando energía eléctrica.

Veamos un ejemplo real de un alternador:

Figura 38. Detalle del alternador del motor Lycoming IO-540

Acumuladores y baterías

La batería es un dispositivo diseñado para almacenar energía electroquímica, que luego será utilizada como energía eléctrica. Esencialmente existen dos tipos de baterías: primarias y secundarias. Las primarias son aquellas donde la reacción electroquímica es irreversible; es decir, son aquellas baterías que no pueden ser recargadas. Las baterías secundarias, presentan una reacción electroquímica reversible, por lo que pueden ser recargadas. Las baterías secundarias suelen tener un rendimiento de entre un 75 a un 90% en ciclos de recarga.

La gran mayoría de las baterías basan su funcionamiento en el principio de celda o pila galvánica. La celda galvánica es una celda electroquímica que obtiene la energía eléctrica a partir de reacciones de reducción y oxidación (*redox*) espontáneas que tienen lugar dentro de la misma. Por lo general, consta de dos metales diferentes conectados por un puente salino, o semi celdas individuales separadas por una membrana porosa.

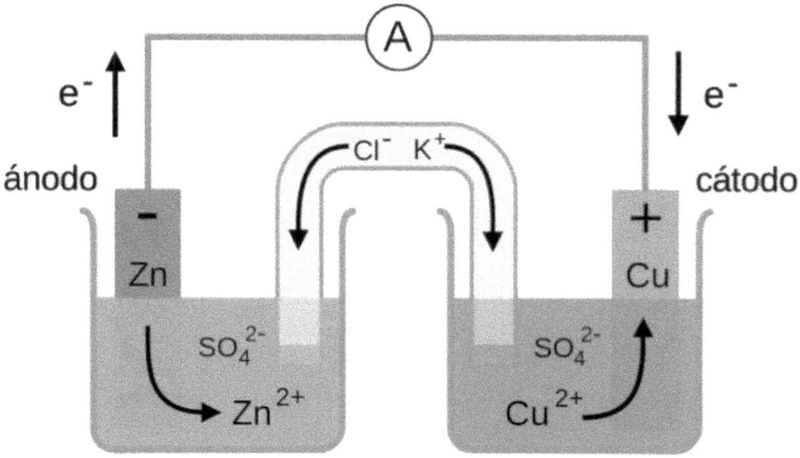

Figura 39. Principio electroquímico de la celda galvánica

En el ejemplo anterior se observan el ánodo de zinc (responsable de la oxidación) y el cátodo de cobre (responsable de la reducción), en presencia de un puente salino que actúa como elemento electrolítico (o conductor) en la reacción.

Las baterías aeronáuticas se utilizan para muchas funciones (por ejemplo, potencia, energía de emergencia, mejorando la estabilidad del bus de CC, y limpieza de fallas). La mayoría de los aviones livianos usan baterías de ácido/plomo. La mayoría de aviones comerciales y corporativos usan pilas de níquel-cadmio (NiCd). Sin embargo, otro plomo tipos ácidos de baterías están disponibles, como las baterías de plomo-ácido reguladas por válvula (VRLA). Con respecto a la aeronavegabilidad, debe considerarse que cualquier cambio de tipo de batería en una aeronave puede ser considerado una alteración mayor y requerir de la emisión de un Certificado Tipo Suplementario.

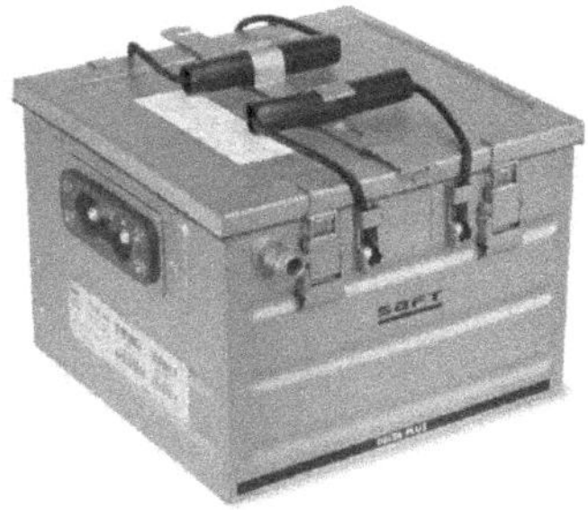

Como se mencionó en los párrafos anteriores, existen distintos tipos de baterías aprobadas y de utilización en la industria aeronáutica. A continuación, se exponen las características principales de las más utilizadas.

Baterías de plomo ácido

Tradicionalmente han sido las baterías más utilizadas debido a su característica de buena respuesta a la recarga; a pesar de ser dispositivos de gran volumen y peso. Los formatos tradicionales ya han quedado en desuso, sin embargo, existen versiones de baterías de células de gel ("celgell") que aún se utilizan en algunas aeronaves militares.

En aviación también se utilizan las baterías de plomo ácido de celdas secas. Estas se conforman a través de un grupo de 6 a 12 celdas conectadas en serie entre sí; este tipo de batería suelen aportar una carga de 24 voltios. Estas baterías de celda seca aún se continúan utilizando en aeronaves livianas de aviación general.

También existe otra variante más compleja de baterías de ácido plomo, estas son las de ácido plomo de válvula regulada (VRLA). Este tipo de baterías contienen el material electrolítico inmerso en material compuesto de fibra de vidrio. Estos dispositivos poseen una gran mejora en su respuesta con relación a las regulares de ácido plomo. Se utilizan para equipar aeronaves livianas y aeronaves propulsadas por motores turbohélices; incluso, en algunos casos son compatibles e intercambiables con batería de NiCd.

Baterías níquel cadmio

Una batería de NiCd consiste en una caja metálica, generalmente de acero inoxidable, acero recubierto de plástico, acero pintado o titanio que contiene un número de celdas individuales. Estas celdas están conectadas en serie para obtener 12 voltios o 24 voltios. Las celdas están conectadas por cobre de níquel altamente conductivo. Dentro de la caja de la batería, las celdas se mantienen en su lugar con particiones, revestimientos, espaciadores y un conjunto de cubierta. La batería tiene un sistema de ventilación para permitir el escape de los gases producido durante una condición de sobrecarga y proporcionar refrigeración durante el funcionamiento normal.

Es importante mencionar que la carga de las celdas de NiCd fundamentan su proceso electroquímico en un proceso endotérmico; lo que significa que, bajo condiciones normales de servicio, las baterías no sufrirán un aumento de temperatura.Para que una batería de NiCd se mantenga estable y con un buen rendimiento, la mayoría de los fabricantes sugieren los siguientes estándares de carga de prueba expresada en función de cada una de las celdas constitutivas:

- Mínima carga por celda: 1 Voltio
- Carga marginal: 1 a 1,05 voltios
- Carga aceptable de servicio: 1,05 a 1,1 voltios
- Carga óptima: superior a 1,1 voltios

Figura 40 Ejemplo de batería de NiCd,

Las aeronaves que están equipadas con baterías de NiCd generalmente poseen un sistema de protección de fallas que monitorea el estado de la batería. El cargador de batería es la unidad que la supervisa con relación a las siguientes variables:

- Sobre-temperatura
- Condiciones de temperatura excesivamente baja (por debajo de los -40°F)
- Desbalanceo entre celdas
- Circuitos abiertos involuntariamente
- Corto circuitos

Las baterías de NiCd son capaces de funcionar a su capacidad nominal cuando la temperatura ambiente de la batería está en el rango de aproximadamente 60-90° F. Un aumento o disminución en la temperatura puede generar una reducción en la capacidad del dispositivo.; es por ello que, estas baterías tienen un sistema de ventilación para controlar la temperatura. Una combinación de temperatura alta de la batería (en exceso de 160° F) y la sobrecarga puede conducir a una condición térmica crítica. La temperatura de la batería debe ser controlada constantemente para garantizar la seguridad operación. La fuga térmica puede dar como resultado una sustancia química de NiCd fuego y/o explosión de la batería de NiCd bajo recarga por una fuente de tensión constante y se debe a un ciclo cíclico, en constante aumento de temperatura y corriente de carga. Una o más celdas en corto o una alta temperatura existente y baja carga pueden producir la siguiente secuencia cíclica de eventos

- Exceso de corriente
- Aumento súbito y/o crítico de temperatura
- Disminución de la resistencia de las celdas
- Aumento súbito de la corriente
- Incremento crítico de la temperatura

Existe una variedad específica de este tipo de baterías, que si bien no suelen aplicarse a la alimentación general de la aeronave; tiene aplicaciones de uso aeronáutico en diversos sistemas electrónicos de a bordo. Esta variedad es la batería de níquel hidruro metálico. Este dispositivo se constituye del mismo modo que las celdas de una batería de NiCd tradicional; la inclusión de un ánodo metal hidruro reduce el impacto medioambiental de la batería. Otra de las características importantes es la reducción significativa del efecto “memoria”, hecho que beneficia el rendimiento general. Si bien posee muy buenas características para el servicio, debe mencionarse que este tipo de baterías no tienen la capacidad de entregar picos de potencia de un valor considerable, además de tener un alto índice de auto descarga. La batería de hidruro metálico es muy estable, sin embargo, ante una condición de sobrecarga se tornan inestables, constituyéndose un alto riesgo en sí mismo.

Baterías de ion de litio

Se trata de un tipo de batería de una tecnología relativamente nueva; con aplicaciones limitadas en la industria aeronáutica. La batería de ion litio tiene una capacidad tres veces mayor que la de plomo ácido en cuanto al suministro de energía. Este tipo de baterías son capaces de recibir carga completa en un tiempo mucho menor a las tradicionales. Además son mucho más compactas y livianas.

En promedio posee una capacidad de 3,5 voltios por celda de acumulación; esto permite reducir la cantidad de celdas para alcanzar un determinado valor de requerimiento energético. Otra de las características destacadas es que poseen una tasa casi nula de auto-descarga.

Considerando las características antedichas, parecería un dispositivo ideal; sin embargo, poseen una muy rápida degradación y una muy alta sensibilidad a las altas temperaturas, hechos que pueden resultar en la explosión o incendio de la batería.

Con relación a las condiciones de inestabilidad que muestran estas baterías, es importante recordar la sucesión de hechos inseguros que se presentó desde mediados de 2011 en los que se vio afectada la flota de Boeing 787 Dreamliner. El 7 de enero de 2013 se registró un hecho aún más crítico, donde una falla de una de las materias de ion litio instalada en un Boeing 787 de la Empresa Japan Airlines produjo un incendio a bordo, con posterior aterrizaje de emergencia.

Características de servicio, carga y mantenimiento de las baterías

Como primera característica general de las baterías debe considerarse que su capacidad se mide y expresa en función de los amperios – hora entregado a una tasa de descarga en voltios de corte (a temperatura ambiente). Generalmente se considera como voltaje de corte: 1 voltio por celda de la batería. La capacidad disponible se ve condicionada o propiciada por una gran cantidad de variables, a continuación se expresan las más significativas:

- Diseño de la celda: la geometría, el grosor de las placas, el tipo de bornes o terminales; sumado al tipo y calidad de los materiales utilizados en la fabricación, se constituyen en un factor determinante en el rendimiento de la batería. La velocidad de carga, descarga y temperatura normal de servicio se ven influenciados en gran medida por esas variables.

- Tasa o rango de descarga: una tasa alta de corriente produce menos capacidad que las tasas menores.

- Temperatura: cada vez que la batería se encuentre funcionando con una temperatura fuera del rango térmico de 16°C 32 °C.

- Tasa o rango de carga: a una mayor tasa de carga se optimizan las performances de la batería.

Vinculado con lo que se mencionó en el párrafo anterior relacionado con la temperatura, es vital recordar que las baterías de plomo (en condición de descarga) pueden sufrir el congelamiento de la solución electrolítica cuando son expuestas a temperaturas bajas. En el resto de las baterías esta condición disminuye, pero no se elimina por completo. Tal como se desarrolló en el ejemplo de los párrafos anteriores, durante el funcionamiento en servicio de las baterías, ante una falla de algún componente del sistema eléctrico o de la misma batería, puede generar excesos de temperatura o de voltaje de carga pueden. Esta condición puede producir un efecto de ebullición electrolítica, con un rápido deterioro de las celdas y la posterior falla de la batería. La relación entre el voltaje máximo de carga y el número de celdas en la batería también es importante. Esto determina (para un dado temperatura ambiente y estado de carga) la velocidad a la que la energía se absorbe como calor dentro de la batería. Para las baterías de plomo-ácido el voltaje por celda no debe exceder 2,35 voltios. En el caso de las baterías de NiCd, el límite de voltaje de carga varía con el diseño y la construcción. Los valores oscilan entre 1.4 y 1.5 voltios.

Con respecto al modo de carga de las baterías aeronáuticas, de modo independiente al funcionamiento de los alternadores o generadores de abordo, existen dos modos distintos de carga: la carga de voltaje constante y la carga de corrientes constante.

El voltaje que proviene del alternador se controla a través del regulador de voltaje conectado en el circuito de campo; previo a que la energía llegue a la batería. Para un sistema de 12 voltios, el voltaje del generador se ajusta a aproximadamente 14.25. En sistemas de 24 voltios, el ajuste debe estar entre 28 y 28.5 voltios. Al presentarse estas condiciones existen, la corriente de carga inicial de la batería se considera alta. A medida que aumenta el estado de carga, el voltaje también aumenta, lo que hace que la corriente disminuya gradualmente. Cuando la batería está completamente cargada, su voltaje es casi igual a la tensión del alternador, por lo que casi no fluye energía hacia el batería. Cuando la corriente de carga es baja, la batería puede permanecer conectado al generador sin que se produzcan.

Los procedimientos de inspección y mantenimiento de las baterías varían con el tipo de tecnología química y el tipo de físico construcción. Es fundamental seguir las instrucciones del fabricante en todo momento; El rendimiento de la batería en cualquier momento en una determinada aplicación depende de su "edad" en servicio. Más allá de esto, deben considerarse algunos aspectos esenciales en las inspecciones rutinarias y pre vuelo, con respecto a las baterías:

- Inspección visual del contenedor y colector de fluidos, por estado y condición.

- Inspección de estado, condición y ajuste de los terminales, bornes.

- Limpieza y ausencia de puntos de corrosión y/o subproductos de la corrosión sobre las terminales y conectores de la batería.

- Inspección del estado de drenajes y líneas de ventilación, con el objetivo de
  constatar obstrucciones, suciedad o cualquier otro agente que pudiera bloquear el paso de fluidos.

- Toda inspección pre vuelo debe incluir la verificación del ajuste de terminales, evidencia de daño físico, como cualquier otro factor que pueda condicionar las performances de la batería.

- La batería siempre debe estar sujeta en su contenedor, y este cerrado. Los bornes o conectares siempre debe estar separados del contenedor y bien ajustados.

La selección de tipo de batería es una variable más que los fabricantes consideran en el diseño de las aeronaves, de acuerdo a las prestaciones necesarias, los costes que sean requeridos y las performances de las aeronaves.

Aviation Bookstore
aviation step by step

Alimentación y lubricación

Aviation Bookstore
aviation step by step

Principios generales

Sistema de inducción y admisión: Los sistemas de inducción pueden consistir en varios conjuntos diferentes. Los más utilizados en motores con carburador, son los de admisión de corriente ascendente y los de corriente descendente. Un sistema de inducción de corriente ascendente consta de dos guías y un tubo de equilibrio con tubos de admisión para cada cilindro para suministrar aire de inducción al puerto de admisión de cada cilindro. El tubo de equilibrio se utiliza para reducir la descompensación de presión entre las dos guías de inducción laterales.

En los motores equipados con carburador, es importante mantener una presión constante y uniforme en el sistema de inducción para que cada cilindro reciba cantidades iguales de combustible. En los motores de inyección de combustible, el combustible se inyecta en el puerto de admisión justo antes de la válvula de admisión. Es importante mantener controlada la presión de admisión para el correcto funcionamiento del motor.

Un sistema de inducción equilibrada de tiro descendente proporciona un flujo de aire óptimo a cada uno de los cilindros individuales en un amplio rango operativo. Las mejores relaciones de combustible a aire proporcionadas brindan una operación del motor mucho más suave y eficiente. El aire del colector de inducción fluye hacia los puertos de admisión donde se mezcla con el combustible de las boquillas de combustible y luego ingresa a los cilindros como una mezcla combustible cuando se abre la válvula de admisión.

El sistema de admisión posee un colector general y desde allí parte la tubería de alimentación hacia cada uno de los cilindros (ver Figura 41).

Figura 41. Conjunto de admisión del motor Lycoming IO-540.

Generalidades de los sistemas de alimentación

Los requisitos básicos de un sistema de alimentación de combustible para un motor recíproco es el mismo, que los de un avión de mayor porte, que poseen otro tipo de propulsión. El sistema debe alimentar combustible proporcionalmente a la masa de aire, para establecer la proporción adecuada de mezcla de combustible y aire, dependiendo de los requerimientos de potencia.

El sistema de alimentación de combustible debe atomizar y distribuir el combustible del carburador al flujo de aire. Esto debe realizarse para que las cargas de combustible / aire que van a todos los cilindros contengan cantidades iguales de la mezcla. Cada uno de los cilindros del motor debe recibir la misma cantidad de mezcla de combustible y aire y en la misma relación combustible / aire.

En los motores equipados con conjuntos de inyección el principio de funcionamiento es similar, solo que se simplifica y optimiza el ingreso y uso del caudal de combustible.

Debido a la caída de la presión atmosférica a medida que aumenta la altitud, la densidad del aire también disminuye. Un motor de aspiración normal tiene una cantidad o volumen de aire fijo que puede aspirar durante la carrera de admisión, por lo tanto, se introduce menos aire en el motor a medida que aumenta la altitud. Menos aire tiende a hacer que los carburadores funcionen más ricos a la altura que a nivel del suelo, debido a la disminución de la densidad del flujo de aire a través de la garganta del carburador para un volumen dado de aire. Por lo tanto, es necesario que se proporcione un control de mezcla para compensar este enriquecimiento natural. Algunos aviones utilizan carburadores en los que el control de la mezcla se opera manualmente. Otros aviones emplean carburadores que inclinan automáticamente la mezcla del carburador a la altura para mantener la mezcla adecuada de combustible y aire.

Mezcla aire y combustible

El combustible, en nuestro caso AVGAS 100 LL, necesita del aire para poder generar la combustión necesaria. Para que la mezcla de aire y combustible se queme correctamente dentro del cilindro, la proporción de aire y combustible (relación estequeométrica) debe mantenerse dentro de un cierto rango. En los siguientes capítulos nos centraremos en conocer más acerca de los combustibles y sus características.

Es importante tener en cuanta que de la masa de aire que forma parte de la mezcla, la "parte útil" es el oxígeno, ya que el resto de los gases son inertes y no intervienen en la combustión. El 68% del aire que ingresa es nitrógeno y como dijimos no participa del proceso termoquímico; solo el 21% del aire que ingresa es oxígeno y es parte de la combustión.

Al quemarse la mezcla de combustible y oxígeno se produce el aumento súbito de la presión y la temperatura en la cámara. El nitrógeno y los subproductos gaseosos de la combustión absorben esta energía térmica y la convierten en energía por expansión. Por lo tanto, si bien el nitrógeno y el remanente de gases no son parte de la combustión, son esenciales en el resto del proceso que transmite la energía hacia el cigüeñal.

En general, las características de la mezcla pueden medirse en términos de velocidad de la llama (expansión térmica) y temperatura de combustión. La composición de la mezcla se define en función de las proporciones de sus partes; para una identificación más precisa se utilizan medidas de peso para cuantificar las cantidades. Entonces, una mezcla con una relación de 12:1 está compuesta por 12 libras de aire por cada libra de combustible.

En general y aplicado a una gran cantidad de motores aeronáuticos, las relaciones de mezcla varían de 8:1 mezclas muy ricas a 16:1 como mezclas muy pobre. Es importante considerar que la mezcla más rica no es la que mejor hace funcionar al motor; por lo generar, una relación de 12:1 es la que proporciona la mayor cantidad de rpm en el motor.

A continuación podemos ver un gráfico típico donde se aprecia la relación entre el tipo de mezcla, la potencia del motor y el consumo de combustible.

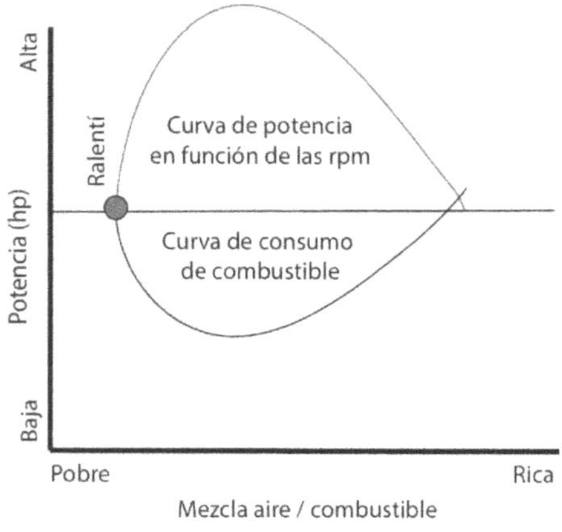

Desde el punto de vista estrictamente estequeométrico químico, la relación ideal de mezcla es de 15:1. En esta relación teórica se presenta la condición ideal para que entre en combustión la totalidad de la mezcla con el máximo de rendimiento térmico.

Control de mezcla

Las relaciones de mezcla entre 7:1 y 22:1 permiten generar combustión, sin embargo, como se dijo en los párrafos anteriores la relación ideal es de 15:1; con mezcla rica la relación sería de 12:1.

En la gran mayoría de los aviones livianos, el mando de mezcla debe estar en "mezcla rica" durante las fases de despegue, ascenso, circuito de tránsito y aterrizaje. Algunos fabricantes de aeronaves resumen la operación con un umbral de altitud, es decir, por debajo de los 3000 a 5000 pies, es recomendable mantener la mezcla en rica. Solo debería empobrecerse la mezcla por encima del umbral mencionado. El piloto tiene el control de la mezcla de combustible a través de la palanca o mando de control en la cabina de vuelo.

En paralelo a la altitud de operación, también debe considerarse que los principales fabricantes no recomiendan empobrecer la mezcla con el motor funcionando con un valor de potencia por encima del 75% de su capacidad total.

Cada aeronave y motor poseen sus propios valores típicos y procedimientos estandarizados; por lo que en todo momento deberá consultarse el Manual de Vuelo de la Aeronave (AFM) para operar el control de mezcla con seguridad. En paralelo a ello, y como procedimiento general para el control durante la puesta en marcha (momento crítico para el motor), puede considerarse la siguientes tres acciones secuenciales:

1. Puesta en marcha del motor con rpm constantes y mezcla rica.

2. Corrección suave del mando de mezcla, hasta notar que las rpm aumentan; si se continua empobreciendo la mezcla el motor puede detenerse.

3.Enriquecer levemente la mezcla nuevamente, hasta que decrezcan las rpm luego de haber alcanzado si pico máximo.

Conservar estos tres pasos enumerados ayuda a una puesta en marcha segura y sin causar otros daños que luego puedan repercutir en una falla del motor durante el vuelo.

La utilización de una mezcla inadecuada, trae aparejado una serie de problemas al motor, que pueden llegar a condicionar la seguridad del vuelo. Cuando se utiliza una mezcla demasiado rica por tiempo prolongado, pueden presentarse las siguientes situaciones:

• Aumento significativo del consumo de combustible, con el obvio detrimento de la autonomía de vuelo.

• Combustión irregular de la mezcla, que consecuentemente afecta a que el motor pueda generar la totalidad de la potencia requerida.

• Temperatura del motor por debajo de los umbrales normales de operación.

• Tendencia a generar depósitos grasos en las bujías, producto de no poder completar la combustión de la totalidad de la mezcla presente en el cilindro.

Por su parte, la utilización de una mezcla demasiado pobre durante un tiempo considerable, puede producir en el motor los siguientes efectos:

• Pérdida de potencia.

• Aumento de las vibraciones y variación no comandada de las rpm.

• Temperatura de operación por encima de los umbrales de seguridad.

• Aumento de las posibilidades de ocurrencia de detonaciones dentro del cilindro.

Más allá de los cuidados que deben tener todos los pilotos durante la operación con relación al motor, existen una serie de indicios de muy fácil individualización. Conocerlos nos permitirá tener una apreciación sobre como fue el funcionamiento del motor en el corto y mediano plazo.

A modo de ejemplo, a continuación podemos observar una imagen del interior del tubo de escape de un motor Lycoming IO-360 que ha tenido una vida en servicio con todos sus parámetros controlados y un control adecuado de mezcla durante los vuelos.

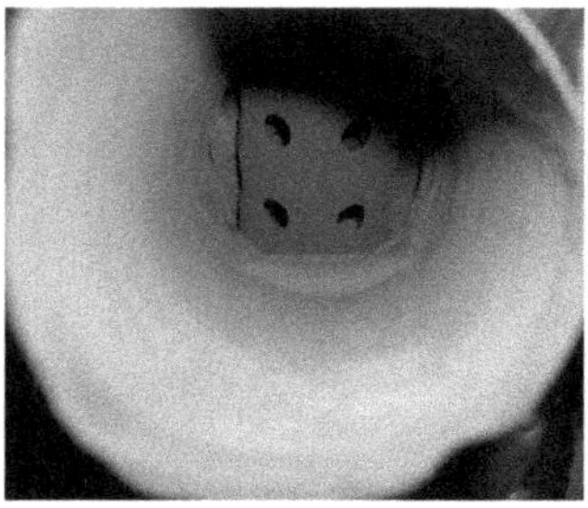

Carburación

Para comprender el funcionamiento del carburador primero debemos hacer una referencia a un principio fundamental de la mecánica de fluidos y la aerodinámica: el efecto Venturi. Este principio fundamental consiste en el desarrollo del fenómeno que se produce en una masa de fluido (líquido o gaseoso) cuando transita en un canal o ducto cerrado. El efecto de Venturi explica por qué cuando el fluido atraviesa una sección menor dentro del ducto, disminuye la presión y aumenta la velocidad.

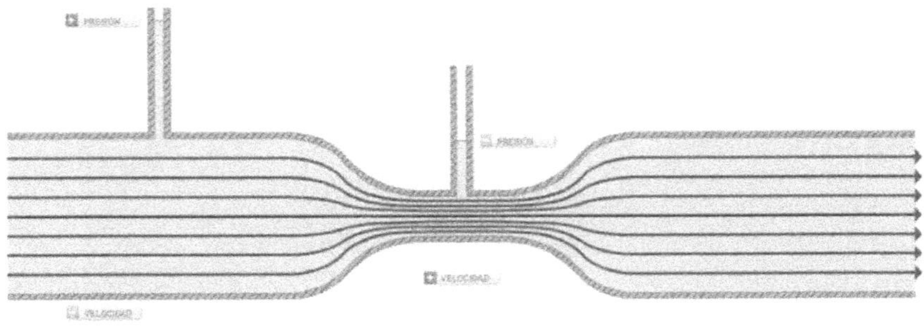

El efecto de Venturi tiene su fundamento físico en el Principio de Bernoulli y en el teorema de conservación de la energía. A modo de resumen y para comprender el fenómeno es importante recodar el siguiente concepto teórico: "*si el caudal de un fluido es constante, pero la sección interior del conducto disminuye, necesariamente la velocidad de la masa de gas o líquido aumenta al atravesar ese área disminuida; cuando se produce ese pasaje, consecuentemente, la presión disminuye*".

En la figura anterior podemos ver graficado ese fenómeno en una representación genérica de un túnel aerodinámico. Este mismo efecto se reproduce en tuberías, carburadores o cualquier sistema cerrado de fluidos.

Ahora bien, comprendido este concepto, vamos al funcionamiento del carburador. El carburador es el dispositivo encargado de controlar el ingreso de la masa de aire que será parte de la combustión, y a su vez, regular la cantidad de combustible que ingresará a esa masa de aire.

Dentro del carburador, se utiliza el efecto que antes se describió para lograr la acción deseada dentro del motor. A medida que aumenta la velocidad del aire para atravesar la parte estrecha interior del carburador, la presión disminuye. Debemos tener en cuenta que la presión en la garganta del carburador es más baja que en cualquier otra parte del dispositivo. Esta caída de presión es proporcional a la velocidad y, por lo tanto, es una medida del flujo de aire.

El principio de funcionamiento básico de la mayoría de los carburadores depende de la presión diferencial entre la entrada y la garganta Venturi.

El tamaño y la forma del Venturi dependen de los requisitos del motor para el que está diseñado el carburador. Un carburador para un motor de alta potencia puede tener un Venturi grande o varios pequeños. El aire puede fluir hacia arriba o hacia abajo del Venturi, dependiendo del diseño del motor y del carburador de modo indistinto. Aquellos en los que el aire pasa hacia abajo se conocen como carburadores de vía o tiro descendente, y aquellos en los que el aire pasa hacia arriba se denominan carburadores de corriente ascendente.

El aire fluye a través del sistema de admisión Cuando un pistón se mueve hacia el cigüeñal (abajo) en la carrera de admisión, la presión en el cilindro disminuye.

El aire fluye a través del carburador y el colector de admisión al cilindro, para reemplazar el aire desplazado por el pistón a medida que se desarrolla la carrera de admisión. Debido a esta área de baja presión causada por el movimiento del pistón hacia abajo, el aire a mayor presión en la atmósfera transita para llenar el área de baja presión. Mientras esto transcurre, el flujo de aire debe pasar a través del Venturi del carburador, más conocido como “garganta”.

La válvula del acelerador se encuentra dentro del dispositivo, junto en la zona superior de ingreso de aire (ver figura 42); esta válvula habitualmente recibe el nombre de "mariposa". La articulación mecánica conecta esta válvula con la palanca del acelerador en la cabina de vuelo. A través del accionamiento del acelerador, el flujo de aire a los cilindros se regula y controla la potencia de salida del motor.

El accionamiento del acelerador genera la regulación de admisión de aire en el motor. Al acelerar, ingresa más cantidad de aire y el carburador suministra automáticamente suficiente combustible para mantener la relación correcta de combustible / aire. Este fenómeno se produce gracias a que, a medida que aumenta el volumen del flujo de aire, aumenta la velocidad en la garganta del carburador.

Figura 42. Vista de posición abierta y cerrada de la mariposa de distintos carburadores. La posición cerrada equivale al corte completo de suministro.

Para que un carburador sea efectivo en el funcionamiento durante todas las fases del vuelo y a cualquier régimen de rpm que se le requiera, debe estar compuesto por los siguientes seis sistemas o modos de trabajo:

Admisión principal

En esta función, el carburador suministra el combustible a cualquier régimen por encima del mínimo de ralentí. El combustible que fluye es proporcional a la caída de presión que se produce en la garganta de Venturi.

Ralentí

Es una función similar a la anterior, pero con la particularidad de trabajar de modo independiente, con el objetivo de mantener un régimen estable de bajas vueltas, sin que el motor se detenga. A bajas velocidades el acelerador se mantiene casi cerrado; es decir, la mariposa permanece casi cerrada. Al estar la mariposa casi cerrada, la velocidad en el tubo Venturi es relativamente baja; por lo que la caída de presión también es baja.

Aceleración

El sistema de aceleración es el que permite suministrar una cantidad adicional de combustible cuando se requiere repentinamente mayor potencial al motor. Cuando se abre el acelerador, el flujo de aire a través del carburador aumenta para obtener más potencia del motor. El sistema de admisión principal aumenta la descarga de combustible.

Sin embargo, durante la aceleración repentina, el aumento en el flujo de aire es tan rápido que hay un ligero lapso de tiempo antes de que el aumento en la descarga de combustible sea suficiente para proporcionar la relación de mezcla correcta con el nuevo flujo de aire. Al suministrar combustible adicional durante este período, el sistema de aceleración evita un desbalanceo temporal de la mezcla y proporciona una aceleración suave.

Control de mezcla

El sistema de control de la mezcla determina la proporción de combustible y aire en la mezcla. Por medio de un control que tiene el piloto en la cabina de vuelo, el control de mezcla manual permite seleccionar la relación de mezcla para adaptarse a las condiciones de operación. Además de estos controles manuales, muchos carburadores tienen controles de mezcla automáticos. La automatización es útil y necesaria ya que, a medida que el avión asciende y la presión atmosférica disminuye, hay una disminución correspondiente en el peso del aire que pasa a través del sistema de inducción.

El volumen, sin embargo, permanece constante. Dado que es el volumen de flujo de aire lo que determina la caída de presión en la garganta del venturi, el carburador tiende a medir la misma cantidad de combustible a este aire delgado que al aire denso al nivel del mar. Por lo tanto, la tendencia natural es que la mezcla se vuelva más rica a medida que el avión gana altura. El control automático de la mezcla evita esto al disminuir la velocidad de descarga de combustible para compensar la disminución de la densidad del aire.

Ralentí y corte

El carburador tiene un sistema de corte de ralentí para que el combustible pueda cortarse para detener el motor. Este sistema, incorporado en el control manual de la mezcla, detiene completamente la descarga de combustible del carburador cuando la palanca de control de la mezcla se coloca en la posición de "corte de ralentí". Un motor de avión se detiene impidiendo el flujo del combustible en lugar de apagar el encendido. Si se apaga el encendido con el carburador aún suministrando combustible, la mezcla de combustible / aire continúa pasando a través de los sistemas de inducción hacia los cilindros. Debido a que el motor se detiene por inercia y si está excesivamente caliente, esta mezcla combustible puede encenderse por puntos calientes locales dentro de las cámaras de combustión.

Esto puede hacer que el motor continúe funcionando o produciendo contra explosiones. Además, la mezcla puede pasar a través de los cilindros sin quemar, pero puede encenderse en el colector de escape caliente. O bien, el motor llega a una parada aparentemente normal, pero una mezcla combustible permanece en los pasos de inducción, los cilindros y el sistema de escape. Esta es una condición insegura ya que el motor puede volver a girar después de que se haya detenido y causar lesiones graves a alguien cerca de la hélice.

Cuando el motor se apaga mediante el sistema de corte de ralentí, las bujías continúan encendiendo la mezcla de combustible y aire hasta que cesa la descarga de combustible del carburador. Esto solo debe evitar que el motor se detenga con una mezcla combustible en los cilindros. Algunos fabricantes de motores sugieren que justo antes de que la hélice deje de girar, el acelerador se abra completamente para que los pistones puedan bombear aire fresco a través del sistema de admisión.

Incremento de potencia o crucero económico

El sistema de enriquecimiento de potencia aumenta automáticamente la riqueza de la mezcla durante la operación de alta potencia. Esta variable, posibilita la adaptación en la relación combustible / aire necesaria para adaptarse a diferentes condiciones de operación. Es importante recordar que a velocidades de crucero, una mezcla pobre es deseable por razones económicas, mientras que a una potencia alta, la mezcla debe ser rica para obtener la máxima potencia y ayudar a enfriar los cilindros del motor. El sistema de enriquecimiento de energía provoca automáticamente el cambio necesario en la relación combustible / aire.

Esencialmente, es una válvula que se cierra a velocidades de crucero y se abre para suministrar combustible adicional a la mezcla durante la operación de alta potencia. Aunque aumenta el flujo de combustible a alta potencia, el sistema de enriquecimiento de energía es en realidad un dispositivo de ahorro de combustible. Sin este sistema, sería necesario operar el motor en una mezcla rica en todo el rango de potencia. La mezcla sería más rica de lo necesario a la velocidad de crucero para garantizar un funcionamiento seguro a la máxima potencia. El sistema de enriquecimiento de energía a veces se llama economizador o compensador de energía.

Formación de hielo en el carburador

Hemos descripto al principio las características generales de la atmósfera y también mencionamos que esos conceptos se utilizarían más adelante... bueno, ahora el es momento de aplicarlos. La formación de hielo en el carburador depende de variables atmosféricas que, según las condiciones climatológicas del día y la zona donde se realizará el vuelo; aumentaran o disminuirán las probabilidades de acumular hielo dentro del carburador. Las variables más importantes que intervienen en el fenómeno que describimos son la temperatura de la masa de aire (relativa y total o bulbo húmedo y bulbo seco) y la cantidad de humedad relativa que contiene el aire.

La temperatura del aire disminuye conforme se incrementa la altitud y la humedad del ambiente puede encontrarse en tres estados: vapor de agua, hielo o agua líquida. Complejas las variables ¿No? En el siguiente gráfico (ver Figura 43) se puede observar el comportamiento típico del agua presente en la atmósfera.

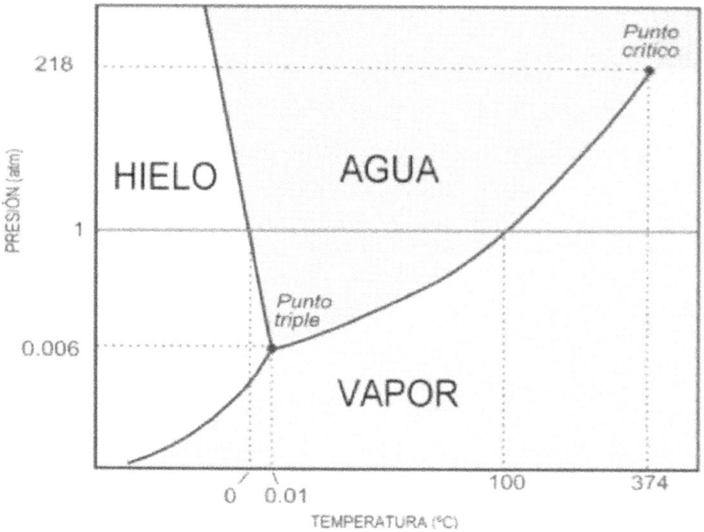

Figura 43. Gráfico del comportamiento de la humedad en la atmósfera.

Más allá de esto también debemos considerar el concepto de gradiente térmico atmosférico. Como todo piloto sabe, la temperatura atmosférica desciende a medida que la aeronave asciende. Sin entrar en los detalles físicos y meteorológicos, lo importante que debemos recordar es que hasta los 12000 metros de altitud el gradiente térmico es de -6,5 grados Celsius; es decir, la temperatura disminuye un grado cada 154 metros. Este valor es un concepto general que debe ser revisto en cada posición geográfica del planeta. Debemos mencionar que, por ejemplo, en las zonas inter ecuatoriales el gradiente térmico varía de 1:154 a 1:180. No vamos a profundizar en la teoría, pero debemos considerar que la temperatura es una magnitud intensiva que adopta un valor distinto para cada punto del espacio, por lo que siempre debe expresarse como un campo (o producto) escalar.

Al tratarse de variables numéricas que dependen de los pronósticos meteorológicos, suele ser complicado el calculo de probabilidad de formación de hielo. Es por ello que, la autoridad aeronáutica canadiense

(*Transport Canada*) elaboró un gráfico en forma de ábaco, muy sencillo de utilizar. A través de los valores de temperaturas y humedad, y a su vez, en función de régimen de funcionamiento del motor; es posible tener una estima muy certera de las probabilidades de formación. Veamos el ábaco:

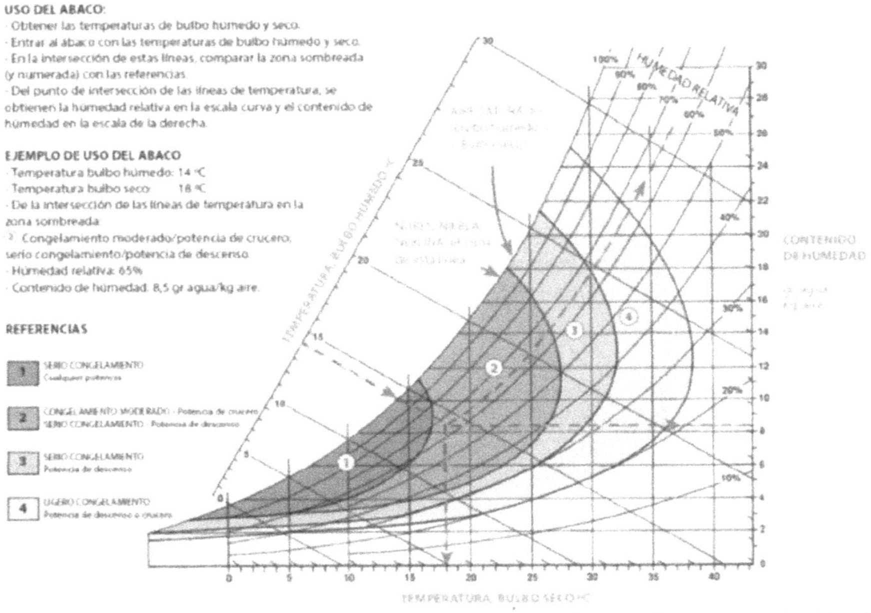

El ábaco nos proporciona información gráfica sobre cuatro zonas para evaluar el comportamiento que puede tener el hielo en el carburador. Las cuatro zonas son:

- Ligero congelamiento y formación de hielo leve, con potencia de descenso o potencia de crucero.
- Severo congelamiento con potencia de descenso.
- Congelamiento moderado, con potencia de crucero o congelamiento severo con potencia de descenso.
- Congelamiento severo con cualquier régimen de potencia.

El gráfico anterior también nos muestra un ejemplo en líneas punteadas, sobre como deberán interpolarse los datos y la información para un correcto uso del ábaco. Este gráfico es una referencia muy útil, sin embargo, siempre deberá referirse a los valores del Manual de Vuelo del avión y las especificaciones del motor.

Cuando la temperatura exterior del aire se encuentra en valores entre -7° a +21° C en condiciones de humedad relativamente alta, se dice –genéricamente– que hay probabilidades de formación de hielo en el carburador. Ante la presencia de hielo en el carburador, el motor experimentará una caída en las rpm, fallos esporádicos, hasta incluso la detención del mismo.

La formación de hielo se produce por el efecto Venturi en el interior del sistema. Como lo explicamos en párrafos anteriores, ese efecto hace que se produzca un aumento de la velocidad de ingreso del aire, debido a la disminución de la sección de la garganta, lo que conlleva a la inmediata disminución de la presión y la temperatura de la masa de aire. Es por ello que existe la posibilidad de formación de hielo en temperaturas del aire exterior por encima de los 0° C. Sumado a este efecto, debemos tener en cuenta que la vaporización del combustible tienda a "absorber" temperatura de la masa de aire (reacción endotérmica), por lo tanto, existe una mayor caída de la temperatura. En estas condiciones de servicio, es vital analizar lar posibilidad de formación de hielo, de acuerdo a las siguientes variables:

- Humedad y punto de rocío de la masa de aire donde se encuentre volando la aeronave.

- Temperatura exterior del aire.

- Régimen de rpm del motor.

- Fase de vuelo.

- Operación del sistema de aire caliente al carburador.

Cuando comienza a formarse hielo en el carburador, el primer síntoma que nota el piloto es una caída en las rpm de motor, independientemente si posea hélices de paso fijo, variable o de velocidad constante. También puede presentarse una disminución en la presión de admisión. De persistir el problema, el motor comenzará a tener un comportamiento irregular en cuanto al régimen de potencia. Este funcionamiento irregular del motor se irá incrementando conforme no se solucione el problema y la protuberancia de hielo aumente de dimensión y desprenda fragmentos de hielo hacia el resto del sistema. Más allá de la preparación del vuelo y el estudio de las condiciones meteorológicas previo al inicio de una operación, en general, los motores con carburador, cuentan con una defensa tecnológica ante este peligro, el sistema de aire caliente al carburador.

El sistema de calefacción toma aire a alta temperatura (ver Figura 44), proveniente de los gases de escape del motor, y lo direcciona hacia las tomas de aire del sistema de admisión. Esto produce un aumento de la temperatura del conjunto que consecuentemente aumenta la temperatura interior de la masa de aire.

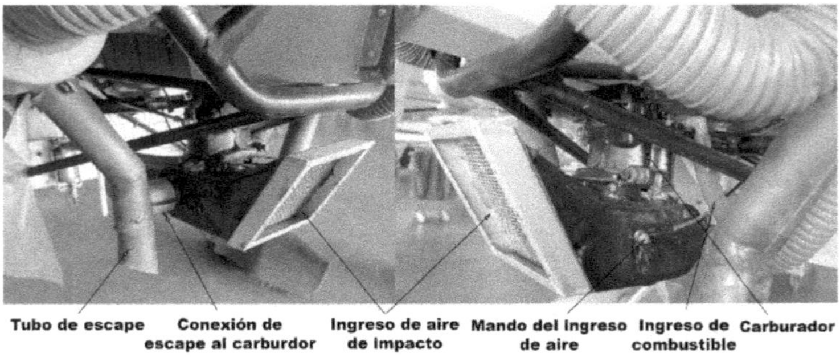

Figura 44. Vista carburador y su sistema de calefacción, instalado en un motor Continental O-300A que propulsa a un Cessna 170.

Como podemos ver en la figura anterior, los gases de escape a alta temperatura son utilizados como fuente de calor (y flujo) para controlar la temperatura del carburador. Del lado derecho de la imagen, se puede ver el cable de control que permite al piloto comandar el ingreso de aire de impacto y gases de escape al sistema.
Es muy importante que consideremos que el sistema de aire caliente al carburador es una defensa y no una solución absoluta. Por lo tanto, cada piloto deberá tener en mente estos tres recordatorios durante la planificación y ejecución del vuelo.

- El sistema de aire caliente al carburador es efectivo como medida preventiva, una vez que hay una cantidad considerable de hielo acumulado, esa defensa pierde efectividad ante su uso tardío; por lo que el problema persistirá.

- El uso del sistema de aire caliente al carburador puede disminuir la generación de potencia del motor. Debe consultarse con el manual de cada motor y avión, en general puede disminuir en el orden del 5% la potencia, con el aire caliente conectado.

- Para el análisis de probabilidad de formación de hielo, es útil el uso del "ábaco de formación de hielo". Donde a través de la interpolación de los datos meteorológicos, puede conocerse los rangos de posibilidad de formación, según el régimen de potencia del motor.

Considerando lo que hemos mencionado en los tres pilares anteriores, es importante desglosar esos conceptos, en el vuelo directamente. Como hemos dicho, el Efecto Venturi y los fundamentos termodinámicos son complejos; sin embargo, las acciones que deben considerar todos los pilotos en la operación son simple... veámoslos:

- Es probable que, en determinadas condiciones atmosféricas durante el vuelo de crucero, la de formación de hielo sea ínfima, por lo tanto no se nota en el motor una consecuencia directa en el funcionamiento. Sin embargo, al llevar el mando de potencia a una posición reducida o ralentí; toda la entrada de aire podría cubrirse de hielo repentinamente. Por lo tanto, es importante considerar las probabilidades de formación, ante los distintos regímenes de potencia y fase de vuelo.

- Con el motor funcionando a bajas rpm, todo el conjunto se enfría más rápido; por lo que esto aumenta las probabilidades de formación de hielo, obviamente según las condiciones atmosféricas.

- Por encima del 75% de la potencia (según el motor, debe consultarse los manuales de cada uno) no es recomendable el uso del sistema de aire caliente, ya que podrían generarse detonaciones.

- Existen algunos motores que en determinadas fases de vuelo, el ajuste de la mezcla también puede ser una defensa ante la formación de hielo. Deberá consultarse las especificaciones de cada aeronave, para realizar esta técnica.

- Es necesario verificar las performances, valores y procedimientos específicos para cada tipo de avión y motor. Ningún piloto deberá aplicar procedimientos generales o de transmisión verbal, sin que antes se compruebe en la documentación el modo adecuado de su aplicación segura.

Sistema de inyección de combustible y sobre alimentados

El sistema de inyección de combustible tiene muchas ventajas sobre un sistema de carburador convencional. Este sistema posee menos probabilidades de formación de hielo en el sistema de admisión, ya que la caída de temperatura debida a la vaporización del combustible tiene lugar dentro o cerca del cilindro. La aceleración también se mejora debido a la acción positiva del sistema de inyección. Además, el sistema de inyección de combustible mejora la distribución. Esto reduce el sobre calentamiento de los cilindros de modo individual, que a menudo se produce por la variación en la mezcla debido a una distribución desigual. El sistema de inyección de combustible también ofrece una mejor economía en cuanto al consumo de combustible.

Los sistemas de inyección de combustible varían en sus detalles de construcción, disposición y operación. A continuación haremos una descripción general del sistema. Para conocer los detalles específicos de cualquier sistema, deberán consultar las especificaciones del fabricante para el equipo en cuestión.

Los sistema de inyección de combustible proveen un flujo constante de alimentación los cilindros, que optimiza su funcionamiento. La alimentación de cada uno de los cilindros se realiza de modo individual, a través del uso de un divisor de flujo (habitualmente se lo conoce con el nombre de "*arañita*") y un conjunto de tuberías independientes hacia las boquillas de cada uno de los cilindros.

El conjunto de inyección de combustible está formado por los siguientes componentes principales:

- Sección de flujo de aire
- Sección de regulador
- Unidad de control de mezcla o distribución del combustible

Veamos algunos detalles importantes de cada una de las partes principales de este sistema. En la siguiente imagen (ver Figura 45) podemos apreciar la instalación definitiva del sistema de inyección en el motor.

Figura 45. Vista superior y detalle del sistema de inyección de combustible de un motor Lycoming IO-540 que propulsa un bimotor TedSmith Aerostar 601P.

Características del combustible aeronautico

Los motores aeronáuticos utilizan destilados de hidrocarburos como combustibles, dentro de ellos se pueden diferenciar dos grandes grupos: los destilados de naftas o gasolinas destinados a los motores alternativos o recíprocos y los destilados de keroseno, destinados a los motores a reacción (turbofan, turbohélice y turboeje). Todos los fabricantes de motores, certifican sus productos para un tipo elegible de combustible y en muchos casos uno o dos más, como alternativa de uso en caso de emergencia; en todos los casos, las certificaciones y performances conocidas de los sistemas propulsores son considerados a través de la utilización de combustibles en condiciones óptimas de calidad.

Para comprender mejor de que se trata un combustible y cuáles son las características principales que debemos conocer, primero debemos hacer una diferencia por su origen y destilación. Para el caso de las gasolinas o naftas aeronáuticas -*de aquí en más nos referiremos a la nafta aeronáutica como 100LL-, ya veremos por qué-* las principales características dependen de la estructura molecular de los hidrocarburos que contiene y del método de obtención o método de destilado.

Para nombrar un ejemplo simple, el petróleo utilizado en Europa y los Estados Unidos, permite refinar hasta 6 tipos de naftas distintas (con distintos octanajes); en cambio, el petróleo usado en la Rep. Argentina permite obtener 3 tipos bases de naftas, con un mayor contenido de moléculas de alcohol. Estas variantes no solo dependen de la composición del petróleo, sino también de los métodos de destilación y los aditivos que se utilicen.

Técnicamente debemos mencionar que el 100LL es una mezcla de hidrocarburos parafínicos, cicloparafínicos y aromáticos bajo en contenido de tetraetilo de plomo. Todas las naftas se encuentran aditivadas con antidetonantes de plomo, con una concentración máxima de 0,56 g/l. La denominación 100LL está dada por: 100 número de octanos RON/ MOM y el "*LL*" por su significado en inglés *low lead* o bajo en plomo (referido a la cantidad de tetraetilo de plomo).

Para evaluar la calidad y características las del AVGAS 100LL, deben considerarse los siguientes aspectos:

Volatilidad: es la cualidad del fluido que expresa la facilidad de una sustancia para pasar del estado líquido al gaseoso.
Poder antidetonante: es la propiedad que expresa la característica del combustible a reaccionar o detonar de modo irregular.

Octanaje: la detonación o índice de octano representa el fenómeno de inflamación súbita que se produce dentro del cilindro. En la industria aeronáutica se toma como valores dos niveles de octanaje, el que se obtiene con mezcla pobre (*RON – Research Octane Number*), y el que se obtiene con mezcla rica (*MOM – Motor Octane Number*). En párrafo aparte desarrollaremos más sobre el octanaje.

Número de potencia mecánica: es el porcentaje de potencia máxima (libre de detonación) que se obtiene del motor con una determinada gasolina, comparado con la máxima potencia que se genera a través del uso de una gasolina de 100 octanos.

Condición de tapón de vapor (*) (*vapor lock*): es la tendencia que tiene una nafta para generar una excesiva evaporación en las tuberías del sistema de alimentación de combustible. Esto se produce por la formación de burbujas de gas (suspendidas en la gasolina), hecho que dificulta el paso normal del fluido, debido a la presión y espacio que ocupan las burbujas de gas.

Las gasolinas para uso en aviación deben contar con un valor mínimo y máximo de tendencia al vapor raid. El valor mínimo (0,38 kg/ cm2 = 5,5 psi) es cuantificado con el objetivo de controlar la puesta en marcha y el período de calentamiento; durante este proceso, debe asegurarse que la presión de vapor mínima es superior a la que pueda desarrollarse en vuelo en los depósitos, tuberías y sistemas asociados a la administración del combustible. Cuando la presión en el sistema es inferior al valor de vapor del combustible, este comienza a volatilizarse, con el riesgo de obstaculizar áreas de movimiento del fluido. Debido a este fenómeno físico es que es necesario que, conforme aumente la altitud de vuelo, los tanques de combustible y sistema se encuentren presurizados con una presión conocida y constante.

El valor máximo de la presión de vapor raid para una gasolina de uso aeronáutico es de 0,5 kg/cm2 = 7 psi). Este valor determina el exceso o tope de volatilidad en las tuberías y sistema de combustible. Al final del presente apartado, veremos en detalle de que se trata el fenómeno de tapón de vapor.

Si bien en la actualidad estamos acostumbrados a referirnos a la nafta aeronáutica como AVGAS 100 LL; esta denominación y especificidad es relativamente joven en la aviación. La mayoría de los motores alternativos (sobre todo los más longevos) se encuentran certificados para distintos tipos de naftas aeronáuticas... a continuación, veamos a modo de ejemplo los tipos de naftas que se han utilizado en la aviación y sus características principales.

Grado		80/87	AVGAS 92	100/130	AVGAS 100LL
Color		Rojo	Púrpura	Verde	Azul
Composición	Azufre % máximo	0,05	0,07	0,05	0,05
	Aromáticos % mínimo	–	–	5	5
Volatilidad	10 %	75	70	75	75
	40 %	75	70	75	75
	50 %	105	66 – 120	105	105
	90 %	135	190	135	135
	Punto final	170	225	170	170
	Presión en psi	5,5 – 7	5,5 – 9	5,5 – 7	5,5 – 7
Índice de octanos	Mezcla pobre	80	92	100	95,5
	Mezcla rica	87	92	130	130
Aditivos	TEL (*) ml máximos	0,14	–	1,12	0,56
Densidad	kl/l	0,75	0,75	0,75	0,75
Fluidez	Punto de congelación	- 60 C	- 58 C	- 58 C	- 58 C

Tal como vemos en la tabla anterior, existe muy poca diferencia entre los valores de la tradicional nafta 100/130 y el AVGAS 100 LL, la principal mejora que observamos en el actual combustible es el bajo contenido de aditivos de TEL... Ahora bien,

¿Qué es el TEL?

El TEL es el contenido de plomo del combustible, recibe su nombre por el acrónimo de Tetraetilo de Plomo; que es el compuesto químico del plomo como aditivo del combustible. En la tabla se menciona al TEL como uno de los principales aditivos utilizados en las naftas, sin embargo, durante su producción se suelen agregar componentes químicos que mejoran las características en cuanto a la condición de anti detonantes que deben poseer las naftas, compuestos que prevengan los procesos de oxidación o corrosión interna de los sistemas e inhibidores catalíticos que disminuyen los efectos adversos del cobre y otro metales sobre la gasolina.

Especificidades sobre el octanaje

Como hemos mencionado anteriormente, el octanaje es la medida de la capacidad antidetonante del combustible. Esta cualidad de las naftas se obtiene a partir de dos ensayos distintos y se promedia el resultado. Es decir, se cuantifican los octanos RON y los octanos MOM a través de pruebas normalizadas de acuerdo a la norma ASTM D-2700 (MOM) y ASTM D-909 (RON); la norma ASTM D-910 y la DEF STAN 91-90 son aplicadas a ambas evaluaciones.

El RON o número de octanos de investigación o teóricos, se determinan aplicando un promedio de 600 rpm con una temperatura de entrada de aire de 51,7 C, mientras que los octanos del motor o MOM se obtienen con una corrida real a unas 900 rpm con una temperatura de entrada de aire de 150 C. La suma y promedio de ambos ensayos, aplicando las normas mencionadas, da como resultado el "octanaje comercial"; es decir, ni más ni menos que el valor adimensional que vemos identificar a las naftas.

La prueba de determinación del octanaje se lleva a cabo en una máquina especial, que simula ser un motor de cilindro único; en la que se aumenta progresivamente la compresión hasta que comienzan a manifestarse las detonaciones. Luego, se hace funcionar nuevamente el motor sin variar la compresión, pero se varía la relación de composición química del combustible (porcentaje de iso-octano y n-heptano) que representan al octanaje final. En ambas pruebas se evalúan las temperaturas de combustión, la generación de subproductos de la combustión y emisión de gases.

Concepto de tapón de vapor

Dentro del sistema de alimentación y en el motor, el combustible permanece en estado líquido hasta que se descarga en la corriente de aire y luego se convierte instantáneamente en vapor. Bajo ciertas condiciones, el combustible puede vaporizarse en las líneas de alimentación, bombas u otras unidades. Las pequeñas zonas de vapor que se forman debido a la vaporización prematura que restringen el flujo de combustible a través de unidades que están diseñadas para manejar líquidos en lugar de gases. La interrupción parcial o completa resultante del flujo de combustible se denomina bloqueo de vapor. Las tres causas generales del bloqueo de vapor son la disminución de la presión sobre el combustible, las altas temperaturas del combustible y la excesiva turbulencia del combustible.

En operaciones en altitudes elevadas, la presión sobre el combustible en el tanque es baja. Por lo tanto, se reduce el punto de ebullición del combustible y causa vapor. También debemos considerar que, la transferencia de calor del motor tiende a causar la ebullición del combustible en las líneas y la bomba. Esta tendencia aumenta si el combustible en el tanque está caliente. Las altas temperaturas del combustible a menudo se combinan con la baja presión para aumentar la formación de vapor. Esto es más probable que ocurra durante un ascenso rápido en un día caluroso. A medida que el avión asciende, la temperatura exterior desciende, pero el combustible no pierde la temperatura rápidamente. Si el combustible está lo suficientemente caliente al despegar, retiene el calor suficiente para hervir fácilmente a gran altura. Las principales causas de la turbulencia del combustible son el derrame del combustible en los tanques, la acción mecánica de la bomba accionada por el motor y las curvas pronunciadas o las elevaciones en las líneas de combustible.

El bloqueo o tapón de vapor puede ser lo suficientemente serio como para bloquear completamente el flujo de combustible y detener el motor. Incluso pequeñas cantidades de vapor en la línea de entrada pueden restringir el flujo a la bomba accionada por el motor y reducen su presión de salida. Para reducir la posibilidad de bloqueo de vapor, las líneas de combustible se mantienen alejadas de fuentes de calor.

Además, la volatilidad del combustible se controla en la fabricación para que no se vaporice con demasiada facilidad. Sin embargo, la mayor mejora en la reducción del bloqueo de vapor es la incorporación de bombas reforzadoras en el sistema de combustible. Estas bombas reforzadoras, que se utilizan ampliamente en la mayoría de los aviones modernos, mantienen el combustible en las líneas de la bomba accionada por motor bajo presión. La presión sobre el combustible reduce la formación de vapor y ayuda a mover una bolsa de vapor a lo largo.

¿Por qué se prohibió el uso de nafta automotor en muchos países?

La discusión sobre el uso de naftas tipo automotor en motores aeronáuticos (alternativos) ha preocupado a gran cantidad de autoridades aeronáuticas de distintos Estados, operadores y fabricantes. Originalmente la aprobación se realizó en los Estados Unidos, donde se emitieron Certificados Tipo Suplementarios (STC, por sus siglas en inglés) para el uso de combustible automotor en aeronaves.

La inclusión de esos combustibles como elegibles de acuerdo con los nuevos STC no expresaban limitaciones críticas de aplicación, ya que los estudios que se habían realizado no demostraron inconvenientes en el uso. Sin embargo, debemos considerar que, estos estudio fueron realizados en los Estados Unidos, con un tipo de destilado de combustible distinto al de muchos otros países. Las naftas utilizadas poseen un nivel de alcohol muy bajo - despreciables desde el punto de vista químico - hecho que posibilita su uso sin generar subproductos de combustión, alterar la combustión o generar cualquier otro inconveniente en el funcionamiento del motor. Los EE.UU. posee cinco variantes de grado de nafta automotor certificada, y en todos los casos se presenta la misma relación con el alcohol.

Esto llevó a que todos los ensayos realizados, fueron hechos con un combustible de características ideales para el remplazo del 100LL. Sin embargo, la aplicación de estos certificados en otros países, donde las características de las naftas no es la misma; trajo aparejado una gran cantidad de fallos.

Debido a que en muchos países el destilado del petróleo (por las características propias del hidrocarburo local) da como resultado naftas con un determinado contenido alcohólico; luego de extensos estudios, las autoridades aeronáuticas tuvieron que prohibir el uso de naftas automotor.

El uso de naftas con contenido alcohólico elevado, por más que conserven el número de octanos, acarrean problemas a largo y mediano plazo en el motor. Estos varían entre la pérdida de potencia, la acumulación de subproductos de la combustión en válvulas y bujías, hasta otro tipo de novedades que pueden producir la detención del motor en vuelo.

Cuidados del sistema de combustible

El combustible es el alimento del motor, su calidad y estado pueden alterar el funcionamiento del motor, condicionando la seguridad del vuelo. Es por ello que, es vital su cuidado, control y manejo. A continuación, enumeraremos las variables destacadas que deben considerarse con respecto al uso, carga, estado y control del combustible y sistema de combustible del avión y motor.

El proceso de carga de combustible

El almacenamiento, manejo y carga de combustible en las aeronaves es la primera defensa que debe tener el sistema de combustible. Cualquier proceso inadecuado llevado a cabo en esta etapa traerá acarreado el ingreso de partículas extrañas al sistema, que luego serán el origen de una variedad de dificultades en servicio.

Cuando las cargas de combustible se realizan por parte de una empresa distribuidora, en el ámbito de un aeródromo; los procedimientos están normalizados y los equipos verificados... es decir, la tarea se lleva a cabo en un contexto seguro. Ahora bien, en la aviación general existen una infinidad de variables que hacen que las cargas de combustibles se realicen en el campo, en pistas privadas o lugares que no se encuentran certificados; estos contextos de operación pueden alterar la seguridad del proceso normal de carga de combustible.

La carga de combustible fuera de los ámbitos aeronáuticos certificados puede propiciar las condiciones para:

- Acumulación de humedad y/o suciedad en las cisternas de acopio.

- Uso de cisternas no homologadas y sin capacidad de drenado.

- Uso de filtros caseros o no aprobados.

- Falta de control sobre el estado y calidad del combustible.

- Falencias de seguridad durante el proceso de carga.

Acumulación de agua y drenaje de tanques

Los tanques de combustible, al no ser cámaras presurizadas y tener intercambio de aire con la atmósfera; indefectiblemente se ven afectados al ingreso de la humedad que contiene la masa de aire atmosférico. Al quedar aire retenido dentro de los tanques, progresivamente la humedad se condensa, pasa a estado líquido, y cae en el combustible.

Al ser fluidos inmiscibles entre sí, el agua y el combustible, no se mezclan. También debemos considerar una característica que se mencionó en la tabla anterior: el combustible es menos denso que el agua; por lo tanto, el agua que se acumule decantará por debajo del combustible. Es decir, si pudiésemos ver un tanque de combustible en perspectiva de corte, veríamos que el agua se acumula en la base y la nafta por encima de esta.

Es por esta razón que todas las aeronaves poseen un dispositivo de drenado de agua. Su función es eliminar el agua retenida en el sistema de alimentación y evitar que esta llegue a ser parte de la mezcla que entrará en combustión. En la siguiente imagen podemos ver el detalle el dispositivo de drenado ubicado por debajo del filtro principal de combustible en una aeronave Cessna 170 equipada con un motor Continental O-300A.

Contaminación del combustible

No solo agua es el potencial contaminante del combustible. Es importante que recordemos que el combustible puede transformarse en un solvente, en tanto lo pongamos en contacto con productos químicos susceptibles al ataque por parte de hidrocarburos.

Existe una gran variedad de polímeros que pueden alterar sus propiedades y estados ante la presencia de distintos hidrocarburos. Los polímeros son la base constitutiva de resinas, sellantes, adhesivo y demás productos químicos utilizados en distintos sistemas de a bordo. Por ejemplo, se aplican como sellantes en tanques de combustible, incluso como resina constitutiva de materiales compuestos utilizados en la fabricación de tanques. En la imagen de la derecha se observa una muestra de combustible 100 LL que evidencia una importante contaminación en la parte inferior del contenedor. Si bien tiene un aspecto barroso, no lo es; se trata de una solución conformada por combustible y residuos parafínicos presentes en la resina utilizada en la reparación del tanque de combustible de una aeronave Piper PA-25.

La reacción química que se produjo entre el combustible acumulado en los tanques por largo tiempo (aeronave en desuso por más de 10 meses) y la resina utilizada en la su reparación; hizo que se solidificara el material (ver Figura 46) que quede suspendido en el combustible. Al comenzarse a operar la aeronave nuevamente, las escamas del material retenido fluyeron por el sistema de alimentación y terminaron tapando los filtros y las líneas, hecho que provocó la detención en vuelo del motor y el posterior aterrizaje de emergencia, con consecuencias para la aeronave.

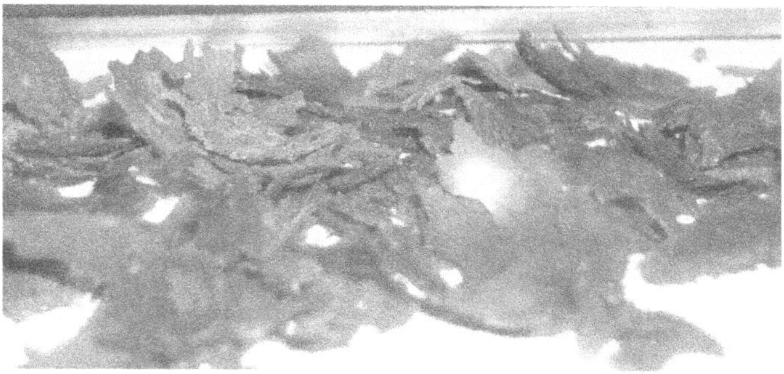

Figura 46 Detalle de las escamas solidificadas extraídas del tanque de combustible de la aeronave Piper PA-25.

Contaminación microbiológica

Como primera consideración debemos tener en cuenta que la acumulación y proliferación de sustancias orgánicas en el combustible se da en climas cálidos y sobre todo, en tanques, sisternas o líneas de alimentación con poco uso, movimiento y falta de drenaje. El crecimiento microbiano produce una variedad de productos químicos que son perjudiciales para los sistemas de combustible incluyendo: hidrógeno, sulfuro, revestimiento proteico, ácidos orgánicos y tensioactivos / jabones. El avance de colonias de microbios y bacterias suelen aparecer como una sustancia limosa y de color ámbar con una consistencia gelatinosa; normalmente se la denomina "Apple Jelly" (Jalea de manzana). Este fenómeno puede cubrir los componentes de los sistemas de combustible y eventualmente puede causar obstrucción de los filtros del motor o tuberías, que causan deficiencias en el sistema de combustible o anomalías, deterioro de la capa de protección (sellante - pintura) y, eventualmente, corrosión. La ASTM (*ASTM - American Standard Testing Materiales*, por sus siglas en inglés), organismo internacional rector en materia de evaluación y control de materiales para todas las industrias, a través Fred Passman unos de sus investigadores principales en materia de contaminación de combustible por colonias microbianas han expresado que hay variedades de formaciones orgánicas que pueden literalmente "infectar" a los combustibles. Esos micro organismos aumentan la cantidad de ácidos corrosivos y promueven la proliferación de moléculas que contienen y transportan una gran cantidad de humedad a través de todo el combustible y todo el sistema de alimentación de la aeronave.

Las bacterias que intervienen en procesos corrosivos pueden ser tanto aeróbicas como anaeróbicas. Las aeróbicas, que requieren de oxígeno para su subsistencia, tienen la capacidad de variar las condiciones de los óxidos sulfúricos (o sulfurosos) presentes y transformarlos en ácidos sulfúricos (o sulfurosos), a través de los productos metabólicos que muchas de ellas segregan. Por otro lado, las bacterias anaeróbicas, que no necesitan del oxígeno en su vida, suelen alimentarse y atacar compuestos inorgánicos, en forma de óxidos. La metabolización de esas sustancias ataca directamente a las aleaciones.

Con respecto a los hongos, debemos decir que son organismos que se nutren de material orgánico. Requieren de un ambiente con una temperatura que oscile entre los 20 y 40 °C con una humedad relativa de entre 85 y 100 %. Las colonias de hongos causan la formación de ácidos orgánicos, variantes de alcoholes y ésteres que atacan a los materiales adyacentes en donde se hayan alojado.

Hélices e instrumentos del motor

Aviation Bookstore
aviation step by step

Principios de funcionamiento

La hélice es el dispositivo que, a través del trabajo mecánico generado por el motor, proporciona el efecto aerodinámico capaz de impulsar a la aeronave. Al girar alrededor del eje del motor (cigueñal) produce una fuerza de propulsión o bien de tracción de la masa de aire; dependiendo del tipo de hélice. Veamos las particularidades y principios de funcionamiento.

Para introducirnos en el tema debemos mencionar que podemos clasificar en dos grandes conjuntos. Por lo tanto, las podemos discriminar de acuerdo a su material de construcción o bien de acuerdo el sistema de funcionamiento... o bien combinar las variables de ambos conjuntos para una mejor identificación. Veamos el siguiente gráfico:

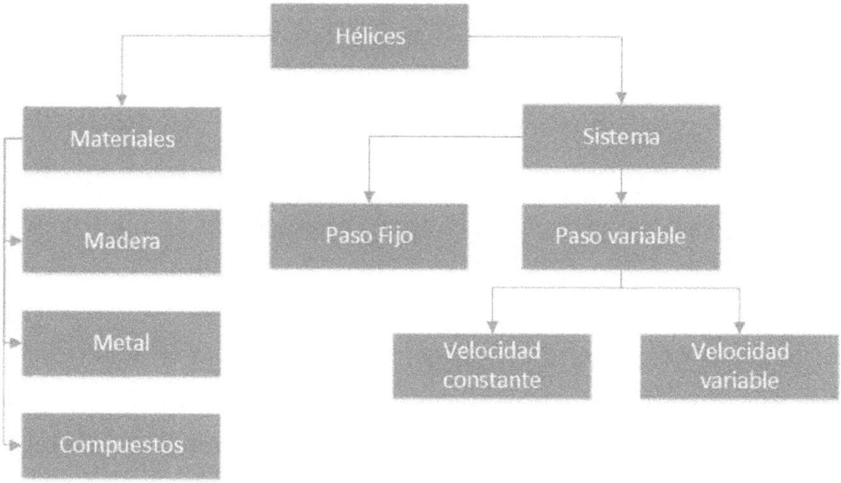

Las hélices tienen dos componentes principales, el cubo estructural y las palas. La cantidad de palas de una hélice varía desde dos hasta seis o más, dependiendo de la tecnología y complejidad del sistema. Como primera aproximación al tema debemos aclarar que existen, de acuerdo al tipo de material de construcción, tres tipos de hélices:

Hélices de madera

Son las hélices básicas que se utilizaron en la aviación desde el primer vuelo del Wright Flyer I en Kitty Hawk, hasta la actualidad en aeronaves livianas pequeñas, como por ejemplo los Piper PA-11 y gran cantidad de aeronaves ultralivianas y experimentales. Se trata de hélices de paso fijo que equipan motores de 90 hp de potencia como máximo. Las hélices de madera son componentes que requieren de un control de calidad extremo tanto de la materia prima como en el proceso de manufactura. La construcción de estas hélices es un proceso artesanal que considera la cantidad de nudos y vetas de la madera; complejos procedimientos de encolado, sellado y torneado, hasta llegar a las dimensiones y pesos necesarios.

Hélices metálicas

Las hélices metálicas han sido las más utilizadas, incluso hasta en la actualidad. Equipan aeronaves livianas como los Cessna 150, pasando por el clásico Douglas DC-3, hasta un avión turbohélice actual como el Raytheon Beechraft B200. Pueden ser de paso fijo igual que las de madera (las que equipan aeronaves livianas) o de paso variable. La hélice metálica está conformada por un cubo central que aloja a cada una de las palas. Las hélices de paso variable poseen un mecanismo que les permite el movimiento angular de cada una de las palas durante el vuelo... más adelante desarrollaremos este concepto. Tanto las palas, como el cubo se fabrican en aleaciones de aluminio que le permiten combinar una buena relación de resistencia mecánica, peso y flexibilidad.

Hélices de material compuesto

Podríamos decir que las hélices de compuesto son la evolución tecnológicas de las hélices metálicas. Su estructura , funcionamiento y disposición es similar al de las hélices metálicas; sin embargo, poseen un peso significativamente inferior con una rendimiento aerodinámico por encima de la media de las hélices metálicas. La estructura está compuesta por un cubo metálico de aleación de aluminio y palas fabricadas con núcleos livianos, refuerzos estructurales internos y un revestimiento también de fibras de compuesto (suelen utilizarse distintos tipos de fibras de carbono). Existen hélices de material compuesto que combinan un revestimiento de carbono con núcleo de combinación de distintos tipos de madera. Este tipo de hélices son las que utilizan las aeronaves turbohélices modernas de altas performances. Poseen una adaptabilidad y prestaciones que permiten propulsar más eficientemente aeronaves de gran porte como el avión de transporte militar Airbus A400, hasta aeronaves de transporte mediano como el Saab 2000, entre otros.

Funcionamiento de las hélices

Como mencionamos en los primeros párrafos, la hélice es un conjunto relativamente simple conformado por un cubo y una combinación de palas.

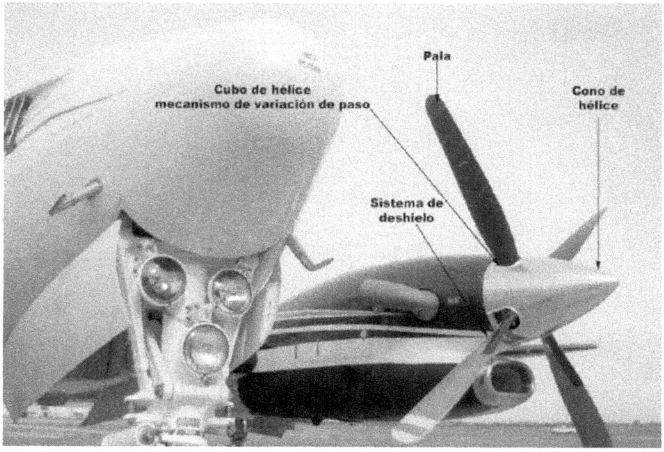

Los perfiles aerodinámicos que componen una hélice están sujetos a las mismas leyes y principios que cualquier otro perfil aerodinámico, tal como el ala del avión. Cada uno de estos perfiles, que en este caso son las palas, tienen un ángulo de ataque, respecto al viento relativo de la pala que en este caso es cercano al plano de revolución de la hélice, y un paso (igual al ángulo de incidencia). El giro de la hélice, que es como si se hicieran rotar muchas pequeñas alas, acelera el flujo de aire hacia el borde de fuga de cada perfil, a la vez que empuja este hacia atrás (lo mismo que sucede en un ala). Este proceso da lugar a la aceleración hacia atrás de una gran masa de aire, movimiento que provoca una fuerza de reacción que es la que propulsa al avión hacia adelante.

Un punto crítico en el diseño de las palas es la velocidad a la que giran los extremos, dado que, si la velocidad de giro se próxima a la velocidad del sonido, se produce una gran disminución en el rendimiento. Este hecho pone límites al diámetro y las rpm con las que pueden girar las hélices, y es por lo que en algunos aviones se intercala un mecanismo reductor basado en engranajes o poleas, entre el eje de salida del motor y la hélice. Ese mecanismo conocido como caja reductora, es el encargado de mantener el nivel de rpm de la hélice dentro de rangos seguros y de máxima performance del conjunto.

La fuerza de propulsión de la aeronave está directamente relacionada con la cantidad de aire que mueve y la velocidad con que lo acelera; por lo tanto, depende del tamaño de la hélice, de su paso, y de su velocidad de giro. Su diseño, forma, número de palas, diámetro, etc.

Más allá de la cantidad de palas, las hélices se clasifican básicamente en hélices de paso fijo y hélices de paso variable (velocidad variable y velocidad constante). Se denomina paso de la hélice al ángulo que forma la cuerda de los perfiles de las palas con el plano de rotación de la hélice.

Es importante que recordemos que el paso (*pitch*) no es lo mismo que el ángulo de pala. Habitualmente estos términos se utilizan como sinónimos, sin embargo, el pitch está condicionado por el ángulo de pala; esta diferencia se conoce como paso geométrico y paso efectivo de la pala. El deslizamiento de la hélice es el que marca la diferencia entre el paso geométrico y el efectivo. Por su parte, el paso geométrico es la distancia que una hélice debe avanzar en una revolución, sin considerar el efecto de deslizamiento aerodinámico; mientras que, el paso efectivo es la distancia real de avance.

Por lo tanto, la relación entre ambos se puede entender como:

Paso geométrico — paso efectivo = deslizamiento

Aunque el ángulo de la pala y el paso de la hélice están estrechamente relacionados, el ángulo de la pala es el ángulo entre la cara o la cuerda de una sección de la pala y el plano en el que gira la hélice.

La línea de la cuerda de la pala de la hélice se determina aproximadamente de la misma manera que la línea de la cuerda de un perfil aerodinámico. De hecho, se puede considerar que una pala de hélice está compuesta por un número infinito de elementos de pala delgada, cada uno es una sección aerodinámica en miniatura cuya cuerda es el ancho de la pala de hélice en esa sección.

La pala de la hélice típica se puede describir cómo una superficie aerodinámica sujeta a torsión de forma irregular. Para una mejor comprensión, una pala se puede dividir en segmentos (estaciones similares a las que se divide de modo teórico el fuselaje) que se ubican por números de estación en pulgadas desde el centro. En el gráfico que se muestra a continuación, puede verse en forma sencilla el efecto de la torsión a lo largo de la pala, el cambio del espesor y las cualidades del perfil aerodinámico a lo largo de todo el componente (ref. *gráfico adaptado del documento de la Federal Aviation Administration FAA-H-8083-32-AMT*). Las distancias están referidas en pulgadas.

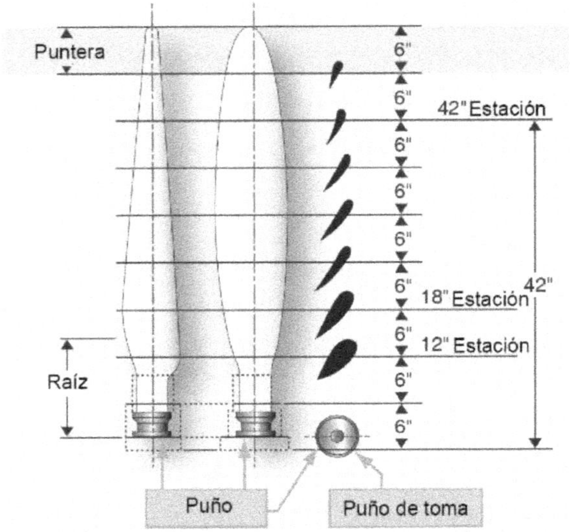

A continuación, veamos las particularidades de cada uno de los distintos tipos de hélices y sus aplicaciones.

Hélices de paso fijo

En este tipo de hélices, el paso está impuesto por el mejor criterio del diseñador del avión y no es modificable por el piloto (ver Figura 48). Este paso es único para todos los regímenes de vuelo, lo cual restringe y limita su eficacia; una buena hélice para despegues o ascensos no es tan eficiente la para velocidad de crucero, y viceversa. Una hélice de paso fijo es como una caja de cambios con una única velocidad; compensa su falta de eficacia con una gran sencillez de funcionamiento. En aviones equipados con motores de baja potencia, la hélice suele ser de diámetro reducido, y está fijada directamente como una prolongación del cigüeñal. Por lo tanto, las rpm de la hélice son las mismas que las del motor.

Cuando se trata de motores más potentes, la hélice es más grande para poder absorber la fuerza desarrollada por el motor. En estos casos, entre la salida del motor y la hélice, se suele instalar un mecanismo reductor o caja reductora y las rpm de la hélice difieren de las rpm del motor; manteniendo los valores dentro de las performances óptimas para el rendimiento aerodinámico.

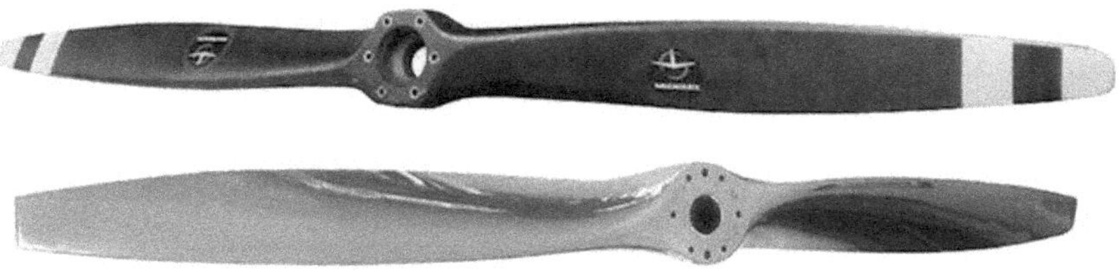

Figura 48 Hélices McCauley de paso fijo.

Hélices de paso y velocidad variable

Este tipo de hélice, permite al piloto ajustar el paso o calado de las palas. Es decir, optimizar la posición angular relativa de las palas durante las diferentes fases de vuelo, con lo cual obtiene su rendimiento óptimo en todo momento. El ajuste se realiza mediante la palanca de paso de la hélice, la que acciona un mecanismo que puede ser mecánico, hidráulico o eléctrico. En algunos casos, esta palanca solo tiene dos posiciones: paso fino o corto (menor ángulo de las palas) y paso grueso o largo (mayor ángulo de las palas), pero lo más común es que pueda seleccionar cualquier paso comprendido entre un máximo y un mínimo

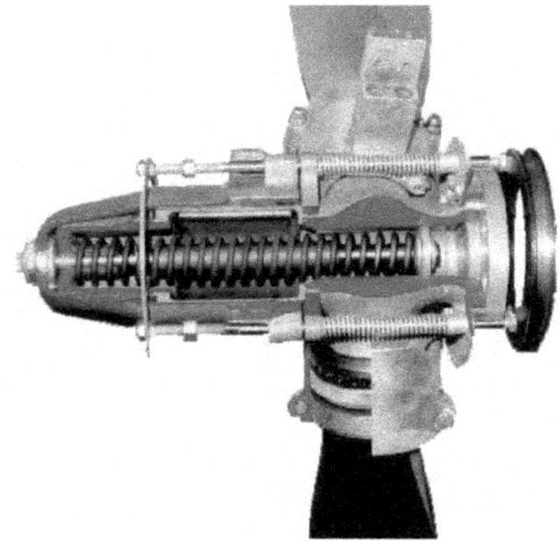

Es importante que consideremos las siguientes dos variables, para poder comprender mejor el uso del paso de hélice:

1. La mayoría de los motores alternativos generan su máxima potencia en un punto cercano al máximo de rpm

2. La potencia requerida para volar de forma económica a velocidad de crucero es usualmente menor a la potencia máxima que pueda generar el motor.

El paso fino, implica un menor ángulo de ataque de la pala; por tanto genera menor resistencia inducida. Esta combinación permite que la hélice puede girar "más libre" y rápidamente, de este modo se logra la mejor utilización de la potencia del motor. Por lo tanto, el paso fino, es la posición angular de las palas más eficiente para maniobras en las que se requiere máxima potencia: despegue y ascenso. El paso fino no es un paso adecuado para régimen de crucero.

El paso grueso, supone mayor ángulo de ataque de las palas y en función de ello, una mayor resistencia inducida. Estas variables requieren menos rpm en la hélice, por ende, un desarrollo de la potencia del motor. En esta condición permite fraccionar una mayor cantidad de masa de aire. Con este paso, decrece el rendimiento en despegue y ascenso, pero sin embargo se incrementa la eficiencia en régimen de crucero; por lo tanto, el motor trabaja con menos rpm y consume menos combustible.

Hélices de paso variable y velocidad constante

Es un tipo de hélice que combina la capacidad de variar el paso de las palas, con un sistema de automatización. Es decir, el paso se regula de forma automática, manteniendo fija la velocidad de giro de la hélice, con independencia de los cambios de potencia en el motor. Estas hélices tienen un regulador que ajusta el paso de las palas para mantener las revoluciones seleccionadas por el piloto. Este sistema permite una utilización más eficaz de la potencia del motor para cualquier régimen de vuelo.

El uso de hélices de paso variable está relacionado también con aeronaves de mayor porte. Las hélices de paso fijo equipan motores de potencia limitada; por lo tanto, sistema de propulsión de aeronaves de bajo peso.

Gobernador de hélice

Más conocido en la jerga aeronáutica cómo "*governor*" por su denominación en inglés, es un conjunto formado por un dispositivo de detección de rpm del motor y una bomba de aceite de alta presión. En un sistema de hélice de velocidad constante, el gobernador responde a un cambio en las rpm del motor dirigiendo el aceite a presión al cilindro hidráulico de la hélice o liberando aceite del cilindro hidráulico. El cambio en el volumen de aceite en el cilindro hidráulico es lo que varía el ángulo de la pala y mantiene las rpm del sistema de la hélice. El gobernador se puede configurar para un valor de rpm específico a través del control de la hélice en la cabina de vuelo de la aeronave.

En resumen, el gobernador de hélice, comprime o libera el resorte del regulador de velocidad y de ese modo se controla el movimiento angular de las palas de hélice. Con respecto al funcionamiento y la seguridad del vuelo, es importante reconocer las principales fuerzas que intervienen en el control del paso y el funcionamiento de hélices y gobernador son las siguientes:

- Momento de torsión centrífuga: se desarrolla un vector de fuerza centrífuga que actúa sobre la pala y tiende a reducir el paso seleccionado.

- Presión del fluido propulsor del gobernador: es la fuerza encargada de equilibrar los contrapesos de las palas; este sistema compensa la fuerza durante el movimiento angular de variación de paso.

- Resortes de retroacción: el conjunto de gobernador se encuentra sometido a una carga mecánica a través de los resortes. Estos son los que generan el impulso contrario al empuje del fluido, equilibrando las fuerzas de control del movimiento angular de las palas.

- Fuerzas aerodinámicas de torsión: los vectores de fuerzas que se producen por el efecto aerodinámico tienden a que la pala gire hacia la posición de máximo paso o paso fino; el resto del sistema y fuerzas actuantes compensan estas cargas y mantienen a la pala en equilibrio.

- Sincronización de hélices: La mayoría de los aviones multimotores están equipados con sistemas de sincronización de hélice. Los sistemas de sincronización proporcionan un medio para controlar y sincronizar las rpm del motor. A través del sincronizado, se reduce la vibración y elimina el movimiento y sonido desagradable producido por la operación de la hélice no sincronizada.

El principio de funcionamiento de este sistema se basa en un dispositivo eléctrico que mide las rpm que producen ambos motores y realiza las correcciones necesarias para que entreguen la misma cantidad de vueltas. Del mismo modo, establece una relación entre el funcionamiento de ambas hélices, con el objetivo de generar una única fase de trabajo, que propicie la reducción de vibraciones y ruidos molestos.

El control de funcionamiento se ubica en la cabina de vuelo, generalmente, junto con los mandos de motor. En la gran mayoría de aeronaves equipadas con este tecnología, el conjunto de sincronización también tiene control sobre el gobernador y el movimiento angular o paso de las hélices; de modo que la sincronización sea integral y optimice realmente el funcionamiento de ambos conjuntos propulsivos.

Precauciones y cuidados con las hélices

Como hemos mencionado en los párrafos anteriores, las hélices y sus palas, no son ni más ni menos que, perfiles aerodinámicos destinados a la propulsión del avión. Por lo tanto, las palas se encuentran afectadas a todos los procesos y fenómenos físicos que transcurren en el ala. Por lo tanto, debemos considerar que en las palas se produce:

- Fuerzas aerodinámicas (vectores de sustentación y resistencia).

- Fenómenos de compresibilidad en las punteras durante un régimen de rpm por encima de los aprobados.

- Esfuerzos de flexión y torsión dentro del límite elásticos.

- Vibración.

- Probabilidad de acumulación de hielo. Es por ello que para mantener un vuelo seguro, es muy importante considerar las limitaciones de operación, junto con una serie de cuidados. A continuación enumeraremos y desarrollaremos las particularidades más críticas de los fenómenos a los que están expuestas las hélices.

Para todo piloto que opere aeronaves equipadas con hélices, la tarea de inspección visual de las palas durante la *walkaround*, es un ítem que debe exceder el mero hecho de observar el estado general de palas y cubos. Una inspección eficaz del conjunto debe incluir los siguientes criterios:

- Bordes de ataque (palas de aluminio): no solo deberá observarse el estado general, sino que es necesario el contacto de la mano a lo largo de toda la superficie del borde de ataque. A través de este contacto deben detectarse irregularidades superficiales, si las hubiere. Es posible que la pala presente deformaciones, melladuras y huecos, al estilo de “filo de sierra”. De hallarse esta novedad, es fundamental contactar urgente con personal de mantenimiento. Más adelante veremos en detalle este problema en particular.

- Bordes de ataque (palas de madera): las palas de madera, en su gran mayoría, poseen un refuerzo metálico de borde de ataque en la zona próxima a la puntera. Es necesario prestar especial atención a la fijación de ese refuerzo y su estado. Si se encuentran deficiencias en su fijación es prioritario consultar con personal de mantenimiento antes de iniciar la operación. El mal estado de los remaches de fijación, pueden producir el desprendimiento del refuerzo en vuelo; y consecuentemente, un desbalanceo crítico de la hélice.

- Superficies de pala (material compuesto): la inspección visual y el contacto con la pala debe asegurar que no existen irregularidades, impactos, discontinuidades, ni zonas con aspecto de “hinchado”. Cualquier tipo de daño superficial que se observe, puede ser un indicio de daños internos, la detección de zonas “hinchadas” puede indicar la presencia, no solo de daño, sino también de acumulación de humedad.

- Calefactores de resistencia eléctrica (aluminio y material compuesto): es importante observar el estado de adherencia de las resistencias al borde de ataque. Cualquier daño puede afectar el funcionamiento del dispositivo y propiciar la acumulación de hielo en vuelo, hecho que afectará adversamente las performances de la hélice.

• Estado de cubos: es fundamental detectar si existen pérdidas de fluidos, ya que sería un signo de una deficiencia en el sistema de variación de paso de las palas. También es de máxima importancia detectar fisuras o melladuras en las superficies expuestas (no en los conos). Cualquier novedad deberá ser notificada de inmediato al personal de mantenimiento, previo al inicio de cualquier vuelo.

Lamentablemente la pérdida de una porción de pala de hélice en vuelo es un problema recurrente. Este tipo de falla se produce debido al desarrollo de una mecánica de fisuración progresiva conocida como fatiga de material. La fatiga produce el avance de una fisura desde un punto de concentración de tensiones... ese punto puede ser una imperfección del material, una marca, una mella, un raspón, etc.

La discontinuidad que se produce en el material propicia las condiciones para que avance la fisura. El progreso de la grieta se produce durante los ciclos normales de servicio del componente, hasta que alcanza un tamaño crítico. Cuando la sección resistente remanente no llega a soportar las cargas normales de servicio, el componente (en nuestro caso la pala de hélice) termina por fracturarse.

El origen de las discontinuidades superficiales suele estar asociadas al impacto con objetos extraños, pequeños elementos duros sueltos que impactan la hélice durante la operación terrestre, entre otros (ver Figura 49).

Aquellas aeronaves que operan habitualmente en pistas de ripio o césped son las más propensas a acumular daños de este tipo, que luego pueden resultar en una falla crítica en vuelo. El desprendimiento de un fragmento de pala genera un desbalanceo tal que hasta puede perderse el control del avión, con resultados catastróficos.

Figura 49. Vista de una pala de hélice Mc Cauley 3AF32C87 que equipaba a un Cessna 310 y colapsó en vuelo, producto del avance de fatiga.

El ejemplo que vemos en la imagen anterior muestra un caso crítico de colapso en servicio. Una situación realmente grave que generó un accidente.

Para no llegar a la situación anterior, la única opción viable es el mantenimiento preventivo. Durante las fases de inspección, se realizan tareas de medición y evaluación de las tolerancias de deformación y estado de los bordes de ataque que permiten determinar si es seguro continuar con la hélice en servicio. Cada uno de los fabricantes de hélices publican las tolerancias permisibles de daños, de acuerdo al siguiente criterio:

1) Deformaciones de flexión próximas a la puntera: de acuerdo al ángulo y distancia se establece la posibilidad de continuar en servicio, así como la viabilidad de reparaciones.

2) Deformaciones de torsión de pala: el exceso de torsión se evalúa a lo largo de toda la pala, con el objetivo de determinar si puede continuar en servicio. Habitualmente la deformación de torsión requiere el retiro de servicio de la pala.

Estado del borde de ataque: de acuerdo a la cantidad y profundidad de impactos, daños y melladuras se determina la factibilidad de continuar en servicio, reparación o retiro definitivo del servicio. Los daños se evalúan en función del largo de la pala y la cuerda de la misma en las distintas estaciones, tal como se mostró en la descripción geométrica de las palas. En la imagen que se muestra a continuación se ven ejemplos de inspecciones visuales y metrológicas sobre palas con daños visibles (ver Figura 50):

Figura 50 Vista de puntera de pala donde se detectaron dimensiones fuera de tolerancia durante una inspección rutinaria.

Formación de hielo en las palas de hélice

Como se mencionó en los párrafos anteriores, la pala de hélice se encuentra sometida a las mismas fuerzas aerodinámicas que se desarrollan en el ala del avión. Trazando un paralelismo podemos demostrar que la formación y acumulación de hielo en las palas se produce por el mismo fenómeno que en el ala.

Sabemos que las aeronaves que operan en niveles de vuelo donde más afecta el fenómeno de engelamiento se encuentran equipadas con botas desoladoras y sistemas de calefacción para evitar los problemas que genera el hielo. Lo mismo sucede con las palas de hélice. Debido al modo de funcionamiento y la respuesta aerodinámica esperada, las palas no pueden ser equipadas con botas neumáticas (solo en algunos casos poseen botas); por lo que poseen calefactores eléctricos que evitan la acumulación de hielo.

Figura 51. Vista del calefactor eléctrico del borde de ataque en una hélice MC Cauley.

Los calefactores de pala están compuestos por una resistencia eléctrica recubierta de una funda polimérica flexible que se adhiere el borde de ataque. Como se ve en la imagen anterior cubren una porción que va desde el puño de la pala hasta un cuarto aproximadamente del largo de la pala. La zona protegida es la más propensa a la acumulación.

La resistencia eléctrica es energizada desde los conectores ubicados en el cubo de la hélice, que a su vez, reciben la electricidad desde el motor.

Al igual de lo que mencionamos en los párrafos anteriores, es fundamental el cuidado del estado del borde de ataque. Los posibles daños que se producen ante el impacto de cuerpos extraños pueden generar discontinuidad en la resistencia eléctrica, y por ende, perder la capacidad de calefaccionar el borde de ataque.

Control e Instrumentos del Motor

La cabina de vuelo del avión es literalmente el centro de control y gestión que tiene la tripulación para realizar cada operación. El adecuado uso del motor requiere una supervisión constante de cada uno de los parámetros y el ajuste de ellos, de acuerdo con los requerimientos de cada una de las fases de vuelo.

A continuación, haremos un repaso y explicación de cada una de las herramientas de gestión y control de la potencia y parámetros con que cuentan los pilotos.

Figura 52. Vista del detalle de la posición de piloto al mando de la cabina de vuelo de un bimotor Beechcraft B55 Baron.

A los efectos de una mejor comprensión e ilustración del tema, tomaremos como ejemplo la ilustración de la Figura 52 donde se aprecia la representación de la cabina de vuelo de un avión bimotor Beechcraft B55 Baron, realizada en *XPlane 11.* Considerando el realismo de la representación, se utilizará como referencia didáctica. Comenzaremos con el instrumental. Como se aprecia en la imagen, los instrumentos que están al frente de la vista del piloto son el conjunto de indicadores de las variables elementales del vuelo y lo básico de la navegación, al respecto aquí podemos individualizar: el velocímetro, indicador de giro ladeo, variómetro, altímetro y demás instrumentos de navegación. Los instrumentos de motor se encuentran, en esta caso, en un panel a la derecha de los instrumentos principales... como norma general, en todas las aeronaves veremos que los indicadores de motor se encuentran en la periferia de los instrumentos principales de vuelo; esto aplica desde aeronaves livianas, hasta aeronaves de transporte.

Sistemas de comandos de propulsión

El piloto cuenta con tres controles fundamentales sobre el funcionamiento del motor y la generación de potencia (ver Figura 53), ellos son:

- Control de potencia o rpm
- Control de mezcla
- Control de paso de hélice (en aeronaves equipadas con hélice de paso variable)

En el recuadro superior de la figura anterior observamos seis palancas, agrupadas en pares. Las dos palancas de la izquierda (color negro) corresponden al control de potencia y rpm del motor, esta palanca comanda la admisión de aire y el flujo de combustible al sistema; ya sea en motores con carburador, o motores con sistema de inyección. Las dos palancas centrales son las que controlan el paso de ambas hélices instaladas en los motores; por supuesto, este comando está disponible solo en aeronaves equipadas con hélices de paso variable. Es decir, hélices que pueden variar la posición angular de cada una de las palas para generar mayor tracción, mayor o menor resistencia aerodinámica y posición neutral o de mínima resistencia aerodinámica, conocida como "paso bandera". Las palancas ubicadas del lado derecho de color rojo, corresponden al control de mezcla. A través de ellas, se puede modificar la relación de la mezcla aire-combustible de acuerdo a la necesidades de la operación y lo que indique como necesario el manual de vuelo de la aeronave. Más adelante nos centraremos en el funcionamiento y especificidades de las hélices. Si bien hemos tomado como referencia la cabina de vuelo del Beechcraft B55 Baron, es necesario mencionar que los mandos de potencia difieran en su modo de accionamiento en la cabina de vuelo, según el tipo de aeronave. En aviones livianos y equipados con un solo motor, suelen encontrarse como dispositivos de "tira-empuje" (ver Figura 54). Si bien el modo de uso en cabina es distinto, la función que cumplen es exactamente la misma.

Como se aprecia en el sector medio inferior de la imagen anterior, en este caso, la cabina solo cuenta con dos mandos de propulsión de tipo "tira-empuje": uno para el control de potencia y rpm (negro) y uno rojo para el control de mezcla. En este caso, estar equipado con una hélice de paso fijo, no tiene control de paso de hélice.

Instrumentos de motor

Los instrumentos de motor son un conjunto de indicadores que brindan información sobre el funcionamiento, generación de potencia y estado de la planta de poder (ver figura 55). Las mediciones que se muestran en la cabina de vuelo, se pueden agrupar del siguiente modo:

- Medición y control de temperaturas y presiones
- Medición y control del sistema de combustible
- Control de las rpm de motor

De los instrumentos mencionados en el párrafo anterior, podemos identificar cuales son los principales que necesita el piloto para la operación del avión. Estos los podemos identificar en un panel específico ubicado en el sector central del tablero de instrumentos de vuelo. Los indicadores más importantes para el vuelo son:

Presión de admisión

La presión de admisión suele medirse en el ingreso del múltiple o colector de admisión; la medición se logra a través del uso de un dispositivo similar a las cápsulas androides que utilizan los altímetros, para medir diferencias de presión. Conocer la presión de admisión permite controlar al funcionamiento del motor. Los valores se expresan en pulgadas de mercurio.

Flujo de combustible (FF)

El indicador de flujo de combustible (FF), por sus siglas en inglés *Fuel Flow*, expresa la relación de caudal de combustible por unidad de tiempo que está ingresando el motor y se esta consumiendo. Habitualmente el instrumento expresa la relación en galones por hora.

Tacómetro (rpm)

Tal como se explicó en párrafos anteriores, las rpm del motor es la expresión de la velocidad angular o velocidad de giro del cigüeñal; por lo tanto, es la velocidad angular que se transmite hacia la hélice. Algunos motores se encuentran equipados con cajas reductoras (la gran mayoría son motores turbohélice), donde las rpm tramitadas a la hélice son las que entrega ese dispositivo posterior al impulso brindado por el motor.

Temperatura de gases de escape (EGT)

La EGT, por sus siglas en inglés *Exhaust Gas Temperature*, es la medición se obtiene sobre la salida de los gases de escape en el cilindro. Esta información permite al piloto mantener la relación de combustión dentro de los valores de temperatura adecuados y detectar deficiencias en el proceso. La indicación de temperatura es la referencia obligada para realizar las distintas correcciones de mezcla durante el vuelo. Los valores altos de EGT indican el uso de una mezcla pobre, mientras que los valores bajos de EGT muestran el uso de una mezcla más rica.

Temperatura de aceite

Los sensores de medición se ubican generalmente en la entrada de aceite al motor, procedente del radiador de enfriamiento. Siempre es importante recodar que, el aceite requiere de un tiempo de calentamiento luego de la puesta en marcha; para lograr el funcionamiento adecuado del motor. La cabina también se encuentra equipada con otros instrumentos que brindan información complementaria sobre el motor o las funciones de energizado a otros sistemas, que cumplen los motores.

Voltímetros y amperímetros

Este tipo de instrumentos debe clasificarse en el grupo de los instrumentos de medición. El voltímetro es el dispositivo que mide la tensión de la batería, mientras que el amperímetro expresa la intensidad de la corriente en todo el sistema eléctrico del avión. Ambos instrumentos también permiten evaluar al piloto el estado de funcionamiento del alternador del motor. En la imagen que se muestra a continuación, se tomó como ejemplo el panel de instrumentos del Cessna 172 visto anteriormente, y se destacó la ubicación y presentación dual del instrumento de voltímetro y amperímetro combinado (ver Figura 56).

Lecciones Aprendidas

A lo largo de la evolución de la industria aeronáutica nos hemos visto frente a grandes accidentes que cambiaron el rumbo del diseño, marcaron la necesidad de la profundización en el estudio del factor humano y organizacional; entre otros grandes cambios evolutivos en materia de seguridad.

Ya hemos desarrollado y narrado extensamente en el libro "*CRM y FFHH, Análisis de Accidentes Reales*" los vínculos entre la interacción de cabina y los grandes accidentes de la historia. Justamente, esos análisis son los que nos proporcionan la materia prima para aprender y reformular todo. En este libro, no nos apartamos de ese principio fundamental de la seguridad operacional.

Como se mencionó en el prólogo, el objetivo de este libro es brindar conocimientos y criterios técnicos en la formación profesional de los pilotos; decidimos desglosar al detalle una de los problemáticas técnicas y operacionales de ocurrencia más frecuente en los vuelos de instrucción y adiestramiento... la evaluación, prevención y consecuencias de la formación de hielo en el carburador.

Para ello tomamos las estadísticas de ocurrencias en aviación general de la república Argentina en el período 2006 a 2016. Los valores fueron obtenidos del sitio público de la Junta de Investigaciones de Accidentes de Aviación Civil (JIAAC) Argentina. Como primera aproximación a la problemática, veamos en el siguiente gráfico (ver Figura 57) como se distribuyeron los fallos vinculados a los sistemas propulsores en ese período de tiempo evaluado.

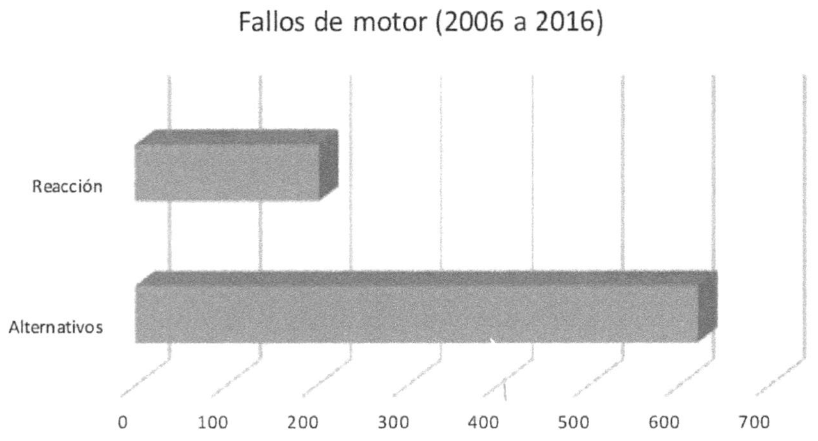

Según nos muestra la estadística, sobre un total de 822 fallos de motor, 620 de ellos se presentaron en motores alternativos; este valor representa una relación de porcentajes de 75,6% de fallos en motores alternativos.

Como podemos observar, la mayor parte de los fallos en motores vinculados con accidentes e incidentes de aviación se detectaron en motores alternativos. Esto tiene que ver con una infinidad de variables que van desde la cantidad de aeronaves que operan con distintas propulsiones (aviación general versus línea aérea), el promedio de años de servicio de cada uno, la tecnología empleada, el mantenimiento, la regularidad en el control de actividad, entre otras variables importantes.

Dentro de los motores alternativos, sabemos que hay una diferenciación entre dos grandes conjuntos. Los que están equipados con carburador y los que poseen sistema de inyección. Esta discriminación es muy importante en la idea principal de estos párrafos. Veamos en el siguiente gráfico, cómo se han presentado los fallos en los distintos tipos de motores (ver Figura 58).

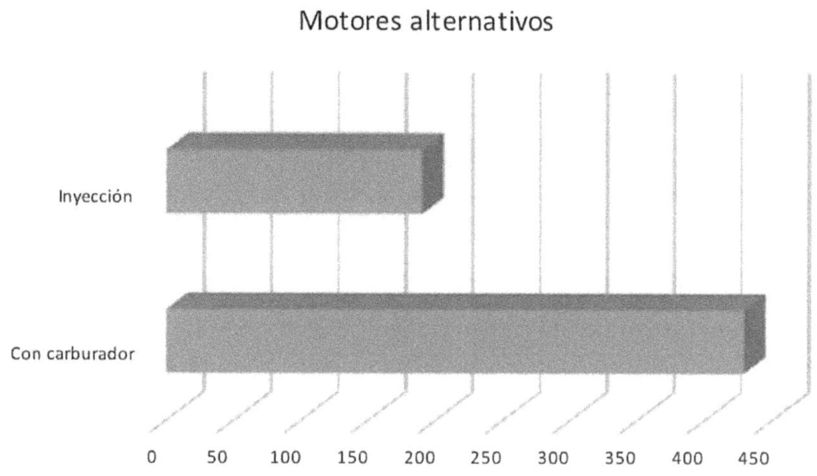

De acuerdo a lo que nos muestra la Figura 58 vemos que 430 de los motores que fallaron en servicio, se encontraban equipados con carburador. Es decir, el valor representa un porcentual de 69,6% de los fallos se produjeron en motores con carburador. Del análisis de los casos que se presentaron en los motores alternativos equipados con carburador, se pudo determinar que 30 accidentes o incidentes tuvieron su causal directo de fallo en la formación de hielo en el carburador (ver Figura 59).

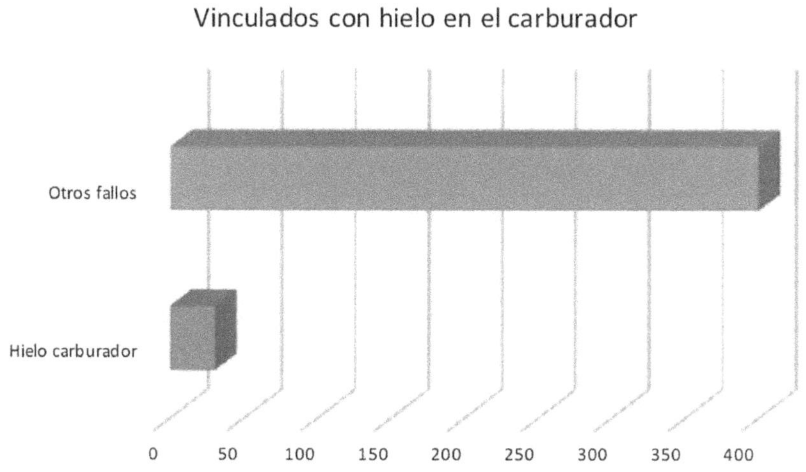

Por más que veamos con los 30 casos no representan más de un 6,9% del total, es importante considerar que solo están contemplados aquellos casos que son causales directos de accidentes; es decir, en una infinidad de casos que no podemos cuantificar, estas condiciones se presentaron, pero no llegaron a constituirse en un accidente.

Esa circunstancia no minimiza la criticidad de la novedad, al contrario, nos debe prender una alerta sobre un peligro permanente en vuelo. Si aplicamos los conceptos de seguridad operacional, el problema del hielo en el carburador debería ser evaluado y mitigado de acuerdo al siguiente razonamiento:

En las ocurrencias de accidentes vinculados con formación de hielo en el carburador, fueron detectadas dificultades de distinta severidad que, conjugadas, dieron como resultado una formación de hielo no controlada que devino en un falla grave de motor. Entre las circunstancias detectadas, es importante que consideremos las más destacadas, como enseñanzas:

- Fallas en el sistema de control y mando del calefactor de aire caliente el carburador.
- Reconocimiento tardío de las condiciones.
- Utilización del sistema de calefacción como herramienta de "solución" del problema y no como prevención del fenómeno.
- No identificación del peligro y/o subestimación de los riesgos del fenómeno.

Aviation Bookstore
aviation step by step

Aviation Bookstore
aviation step by step

Aviation Bookstore
aviation step by step